BIBLIOTHÈQUE
DES MERVEILLES

PUBLIÉE SOUS LA DIRECTION

DE M. ÉDOUARD CHARTON

LES GRANDS INCENDIES

6814. — PARIS, IMPRIMERIE A. LAHURE

9, Rue de Fleurus, 9

INCENDIE DE LA CATHÉDRALE DE CHARTRES

LES
GRANDS INCENDIES

PAR

MAXIME PETIT

OUVRAGE

ILLUSTRÉ DE 34 GRAVURES DESSINÉES SUR BOIS

PAR A. DEROY

PARIS

LIBRAIRIE HACHETTE ET Cⁱᵉ

79, BOULEVARD SAINT-GERMAIN, 79

1882

LES
GRANDS INCENDIES

PREMIÈRE PARTIE

LES INCENDIES CÉLÈBRES

I

L'INCENDIE DE TROIE

(1270 av. J.-C. ?)

On n'a pas à rappeler ici la suite des évènements qui amenèrent la chute de Troie[1] : notre court récit doit commencer au moment où les Grecs, pénétrant dans la cité de Priam, donnèrent le signal du massacre et de l'incendie.

« C'était, dit Virgile, l'heure où le sommeil, doux présent des dieux, commence pour les malheureux mortels et leur verse ses premières langueurs[2]. » Des

1. Voir les *Sièges célèbres*, dans la collection des *Merveilles*.
2. *Énéide*, II, 268 et sqq.

points les plus opposés de la ville partent des cris de détresse; des bruits confus et lugubres remplissent l'enceinte d'Ilion, et partout retentit le fracas des armes. « Avec plus de fureur encore, le feu exerce ses ravages, et la flamme se communique avec rapidité[1]. » Énée, réveillé en sursaut, monte d'un bond sur le faîte du palais de son père; il regarde autour de lui; il voit les riches demeures de Deïphobe et d'Ucalégon s'écrouler sous les flammes, et la lueur de l'incendie éclaire au loin la plaine de Sigée.

Transporté de colère, le fils d'Anchise saisit ses armes. Il réunit ses compagnons et les engage à vendre chèrement leur vie; puis, la petite troupe se dirige vers le centre de la ville. La vue du sang et des cadavres qui jonchent les rues anime les combattants, et un grand nombre de Grecs tombe sous les coups des compagnons d'Énée. Revêtus des dépouilles de ceux qu'ils ont tués sur leur route, les Troyens arrivent au palais de Priam, seul monument épargné par le feu; ils y sont témoins de la mort du vieillard; ils voient Pyrrhus traîner le roi au pied des autels et le percer brutalement de son glaive. Énée, à cette vue, songe à son vieux père. Il n'est plus maître de sa fureur, et il se dispose à faire mourir la fille de Tyndare qu'il aperçoit sur le seuil du temple de Vesta, lorsque la déesse sa mère lui apparaît et lui conseille de fuir.

« Alors, dit Énée, je vois Ilion tout entière s'abîmer dans les flammes et la cité de Neptune s'écrouler de fond en comble. Ainsi, lorsque sur la cime des monts les bû-

---

1. Dictys de Crète, *Guerre de Troie*, V, 12

cherons, le fer à la main, s'efforcent à l'envi d'abattre un frêne antique sous les coups redoublés de la hache, l'arbre longtemps menace et balance à chaque secousse son feuillage tremblant jusqu'à ce qu'épuisé peu à peu par ses blessures, il pousse un dernier gémissement et tombe, arraché du sommet de la montagne. Je descends de la citadelle et, conduit par la déesse, je traverse les flammes et les ennemis : les traits me laissent passer et les flammes s'écartent devant moi[1]. » Et, pendant que le bruit de l'incendie, roulant ses tourbillons et dévorant le rempart, devient plus terrible, Énée, prenant son père sur ses épaules, sort de la ville et gagne les montagnes.

Les Grecs ne trouvaient plus aucune résistance; ils pillaient dans les maisons les meubles les plus précieux et tout ce qui pouvait assouvir leur cupidité. « Enfin, ils livrèrent aux flammes les murailles de Troie et l'ouvrage de Neptune devint ainsi la proie de l'élément destructeur. La cité, réduite en cendres, servit elle-même de tombeau à ses anciens habitants[2]. »

1. *Énéide*, II, 624-635.
2. Thryphiodore, *Destruction de Troie*.

II

**L'INCENDIE DU TEMPLE DE JÉRUSALEM
PAR NABU-KUDUR-USUR**

(588 av. J.-C.)

Au moment où Nabu-kudur-usur (Nabuchodonosor) fit le siège de Jérusalem, le temple élevé par Salomon sur le mont Moria se composait de deux parties : le *Temple* proprement dit et le *Parvis*.

Le Temple, construit en pierres, avait soixante coudées de longueur, vingt de largeur et trente de hauteur. Sa façade était formée d'un portique appelé *Oulam* et de deux colonnes d'airain. A l'intérieur se voyait le *Hékal* (Lieu saint) et le *Débir* (Saint des Saints).

L'édifice sacré était entouré d'un double parvis dont des portes recouvertes d'airain formaient l'entrée[1].

Nabu-kudur-usur avait placé sur le trône de Jérusalem Zédékiah, troisième fils de Joshiah; mais ce souverain refusa de payer tribut au roi de Babylone, et les Chaldéens vinrent assiéger Jérusalem au commencement de janvier (589 av. J.-C.).

Les sujets de Zédékiah résistèrent énergiquement pen-

1. Voir Ménant, *Babylone et la Chaldée*; Munk, *la Palestine*.

dant dix-huit mois et se rendirent ensuite (août 588 av. J.-C.).

Nabu-sur-adan, chef des gardes du corps de Nabu-kudur-usur, pénétra bientôt dans la ville et ordonna de mettre le feu au temple. Les deux colonnes et là mer d'airain[1] furent brisées et emportées à Babylone avec les vases sacrés.

« Les Chaldéens brûlèrent aussi le palais du roi et les maisons de tout le peuple, et ils renversèrent les murailles de Jérusalem[2]. »

1. On donnait le nom de *mer d'airain* à un immense bassin qui se trouvait au sud-ouest de l'autel et au sud-est du temple.
2. Jérémie, XXXIX, 8.

III

L'INCENDIE DE SARDES

(503 av. J.-C.)

Sans l'intervention d'Hystyæos, tyran de Milet, Darius Ilystaspes, follement engagé dans une expédition contre les Scythes (508 av. J.-C.), n'aurait probablement jamais revu son royaume.

Hystyæos, devenu le favori du monarque, le suivit à Suse après avoir confié le gouvernement de Milet à Aristagoras; mais celui-ci, ayant encouru la disgrâce d'Artaphernes, frère du roi, prit un parti extrême et se révolta : il proclama la liberté et l'indépendance nationales, souleva les Ioniens, et chassa de toutes les villes les gouverneurs qu'y avait placés le roi de Perse. Puis, il se rendit en Grèce pour y demander des secours.

Les Lacédémoniens le repoussèrent; les Athéniens se montrèrent favorables aux colonies ioniennes, et envoyèrent aux Milésiens vingt vaisseaux, auxquels se joignirent cinq navires fournis par Éréthryx, ville d'Eubée. Dès que les forces alliées furent réunies, Aristagoras décida qu'on marcherait sur Sardes. L'armée laissa donc ses vaisseaux à Éphèse et se dirigea vers les rives du Pactole.

Le gouverneur de Sardes était loin de s'attendre à une aussi brusque agression; il ne put sérieusement résister aux Grecs et se réfugia dans la citadelle, pendant que les assaillants procédaient au pillage. Au milieu du désordre, un soldat mit le feu à la maison d'un Lydien, et par suite à toute la ville : en effet, si nous en croyons Hérodote, la plupart des maisons étaient construites en cannes, et les rares habitations qui étaient bâties en briques avaient des toits de roseau. Dans ces conditions, le feu gagna de maison en maison et dévora la ville tout entière; le temple de Cybèle ne fut pas même épargné.

Tous les habitants de Sardes n'avaient pas eu le temps de se retirer dans la citadelle. Les Lydiens et les Perses restés dans la ville, se voyant cernés par le feu et ne trouvant pas d'issue, refluèrent sur la place publique et chargèrent les Grecs, qui, surpris de cette résistance inattendue, regagnèrent Éphèse pendant la nuit et revinrent ensuite dans leur patrie.

A la nouvelle de l'incendie de Sardes, Darius jura de se venger d'une manière éclatante. Il chargea un officier de lui rappeler tous les jours la perfidie des Hellènes et de lui dire avant chacun de ses repas : « Seigneur, souvenez-vous des Athéniens! » Il fit en effet deux expéditions contre la Grèce.

Quant à Aristagoras, il se réfugia en Thrace, où il fut tué dans un combat en 498 avant J.-C.

IV

INCENDIE DU TEMPLE DE DIANE

(356 av. J.-C.)

Il s'est rencontré un homme que la passion de la gloire entraîna jusqu'au sacrilège. Érostrate, Éphésien obscur, voulut à tout prix se rendre célèbre, et acquit en effet une célébrité d'horreur et d'effroi.

Selon la tradition, poursuivi par la mauvaise fortune, il avait résolu de la vaincre ou plutôt de la braver. Le temple de Diane attira ses regards, et il songea, pour punir les hommes de leurs injustices, à les frapper dans un des objets de leur admiration.

« Puisque je n'ai pu conquérir la renommée par des actions honnêtes, s'écria-t-il, j'obtiendrai par le crime l'immortalité. » C'est le raisonnement insensé de beaucoup de criminels.

Dès lors, il vécut plus que jamais dans la retraite. Il passa des journées entières, sous prétexte de dévotion, à examiner, à étudier le mode de construction du temple. Comme on pouvait atteindre le faîte au moyen d'un escalier ciselé dans un seul cep de vigne, il put s'assurer que la charpente, étant tout entière de bois de cèdre, s'enflammerait aisément.

En 356 avant J.-C., la nuit même où naquit Alexandre, un frémissement sourd se fit entendre dans la ville; l'horizon sembla se teindre de reflets sanglants, et les Éphésiens, sortant de leurs demeures à la hâte, furent saisis d'horreur, en voyant les flammes dévorer ce qu'on appelle une des sept merveilles du monde[1].

« En un instant, cette nouvelle fatale vola d'une extrémité de la ville à l'autre; chacun courut vers le lieu de l'incendie, portant de l'eau dans le premier vase qu'il trouvait sous sa main. A tout moment, la foule augmentait, se pressait, se heurtait, se culbutait; l'air retentissait de plaintes et de hurlements; les femmes, renfermées dans l'intérieur des maisons, s'abandonnaient au désespoir et se prosternaient suppliantes devant les autels des dieux pénates; les vieillards craignaient que Diane irritée n'abandonnât leur patrie. Éclairée par la réverbération du vaste incendie, la ville semblait tout en feu; la mer réfléchissait au loin la lueur rougeâtre des flammes, et les navigateurs éblouis contemplaient avec une admiration mêlée d'épouvante ce magnifique et terrible spectacle[2]. »

Excité par le vent, le feu consuma presque entièrement le temple. Seule la statue de Diane demeura debout, intacte, et les gardiens sauvèrent une très faible partie du trésor.

---

1. Voir pour la description du temple de Diane le *Voyage aux sept merveilles du monde*, par M. Augé, dans cette collection.

2. Alexandre Verri, *Vie d'Erostrate*. — Cet ouvrage, que l'auteur a donné comme une traduction d'un manuscrit inédit, est simplement une œuvre d'imagination : néanmoins, comme Verri s'est servi, pour écrire cette biographie, de tous les documents que nous possédons, comme d'autre part ceux-ci sont extrêmement rares, j'ai cru devoir extraire le passage ci-dessus de la *Vie d'Erostrate*.

Fig. 1. — Incendie du temple de Diane. (556 av. J. C.)

Les Éphésiens indignés cherchèrent le coupable et le découvrirent. Érostrate fit dans les tortures l'aveu de cet acte de folie. Il fut tué, et les habitants de la ville rendirent un décret qui défendait sous peine de mort de prononcer le nom de l'incendiaire.

V

L'INCENDIE DU PALAIS DE PERSÉPOLIS

(330 av. J.-C.)

Alexandre, maître d'Arbelles, de Babylone, de Suse, traversa le pays des Uxiens, passa l'Araxe et entra à Persépolis à la tête de sa phalange. Avant de quitter cette ville pour se mettre à la poursuite de Darios, il invita ses généraux à un festin qui fut une véritable orgie.

Parmi les courtisanes conviées à cette réjouissance se trouvait la Grecque Thaïs. Elle avait suivi Alexandre en Asie.

Si l'on en croit Clitarque, Thaïs enivrée s'écria en se tournant vers Alexandre : « J'aurais une joie infinie si, pour finir noblement cette fête, je pouvais brûler le magnifique palais de Xerxès, qui a incendié Athènes, et le flambeau à la main, y mettre moi-même le feu en présence du roi. Ainsi, on dirait par toute la terre que les femmes qui ont suivi Alexandre dans son expédition d'Asie ont bien mieux vengé la Grèce de tous les maux que les Perses lui ont faits, que les généraux qui ont combattu pour elle et par terre et par mer ! »

Tous les assistants applaudissent à cette proposition insensée. Alexandre, couronné de fleurs, une torche à la main, marche le premier; les convives le suivent en chantant, en dansant, et le désir de Thaïs est bientôt réalisé.

On a révoqué en doute l'authenticité de cet évènement, et il est, en tout cas, bien certain que le palais de Xerxès ne fut point détruit en entier, puisqu'on en voit encore aujourd'hui les restes. Au-dessus de la plaine de Mardascht, où sont ces ruines, s'élèvent cinq terrasses dont la seconde supporte une colonnade (*Tschilminar*), au sud de laquelle s'étend un espace de terrain dont le niveau n'est interrompu que par un immense monceau de décombres. Sir Robert Ker Porter place en cet endroit la partie du palais détruite par Alexandre.

« Il est vrai, dit-il, qu'on ne découvre aucune trace du feu sur les murs adjacents. On peut donc objecter que si un édifice aussi considérable avait été incendié, les ravages des flammes se laisseraient encore voir sur les murs. Mais en réfléchissant à quelles distances tous ces édifices se trouvent les uns des autres, séparés non seulement par de simples espaces, mais sur des terrasses isolées, on concevra qu'un d'entre eux ait pu être brûlé jusque dans ses fondements sans que le feu ait atteint aucun des autres. En outre, la solidité des murs de ce palais est telle que le feu a pu s'y trouver renfermé comme dans une fournaise, consumant entièrement l'intérieur. On objectera encore que ce palais devait être d'une construction semblable à celle des autres; il est singulier qu'il ne reste aucune trace de ces murs dont nous admirons ailleurs la solidité. Mais il est possible que la pierre, minée par l'action du feu, se soit dégradée et peu à peu soit tombée sur le toit déjà abattu. En outre, Plutarque nous apprend que l'ivresse d'Alexandre se dissipant presque aussitôt que cet acte insensé eut été commis, il donna des ordres pour éteindre le feu ou du moins l'empêcher de s'étendre. Il est probable, d'après cela, qu'une partie de l'édifice aura été abattue pour arrêter l'incendie. Ces ruines furent ensuite abandonnées et restèrent dans le même état, ce qui n'étonnera personne si l'on considère que la brièveté de la vie d'Alexandre et les troubles qui suivirent sa mort firent négliger Persépolis.

« Les souverains Grecs et Parthes aimèrent mieux prendre pour capitales d'autres villes que celles qui avaient été le théâtre de la gloire des anciens rois. Les cruelles dévastations des Arabes contribuèrent encore à faire abandonner Persépolis. Ainsi, il est probable que la partie du palais qui fut incendiée se trouve encore aujourd'hui à peu près dans le même état que le lendemain de cette nuit de destruction, 330 ans avant l'ère chrétienne. »

VI

(213 av. J.-C.)

L'empereur chinois Tsin-chi-hoang-ti, célèbre par ses réformes et ses conquêtes, convia un soir à un grand festin les princes, les gouverneurs de province et les principaux mandarins.

Après les cérémonies d'usage, il prit place sur son trône et il ordonna aux assistants de lui donner en toute sincérité leur avis sur sa manière de gouverner. Le premier mandarin qui prit la parole fit un pompeux éloge de l'empereur. Il termina son discours par ces mots : « Vous surpassez sans contredit tout ce qu'il y a jamais eu de plus grand depuis l'antiquité la plus reculée jusqu'à nos jours. »

La salle croulait sous les applaudissements, lorsque le lettré Chun-yu-yue, chaud partisan de l'antiquité et ennemi déclaré de toute innovation, s'écria : « Seigneur, cet homme qui vient de vous louer avec tant d'impudence ne mérite pas le nom de *Grand de l'Empire*, dont il est décoré. Ce n'est qu'un lâche courtisan, un vil flatteur qui, bassement attaché à une fortune dont il ne mérite pas de jouir, n'a d'autres vues que celle de vous plaire, aux dépens du bien public et de votre propre gloire. Je ne l'imiterai point, mais je vous dirai seulement ce que je pense. » Et Chun-yu-yue exposa avec chaleur sa manière de voir, engageant l'empereur à marcher sur les traces des plus antiques souverains du Céleste-Empire.

Le ministre Li-sse, ami du progrès et adversaire de l'antiquité, profita de l'occasion qui s'offrait de décrier les gens de lettres.

Selon lui, les lettrés n'entendaient rien au gouvernement; ils étaient très habiles en spéculation, mais ils n'entendaient rien à la pratique; ils ne connaissaient que le monde ancien et ignoraient absolument l'état de la société actuelle. « Pleins d'eux-mêmes, infatués de leur prétendu mérite, ils ne voyaient de bien que ce qui se faisait conformément à leurs idées; ils ne voyaient le beau que dans des usages surannés, dans des cérémonies antiques; ils ne trouvaient de véritablement utile que cette vaine science qui les élève si fort à leurs yeux, mais qui en réalité les rend inutiles à tout le genre humain. » Il serait donc absurde d'user de tolérance envers des hommes aussi dangereux, et pour en finir d'un seul coup, il importait de détruire, de livrer aux flammes, les livres, cause de tout le mal.

Puis Li-sse engagea l'empereur à ordonner la destruction immédiate de tous les ouvrages qui ne traitaient pas de médecine, d'agriculture ou de divination. Quant aux livres d'histoire, il fut d'avis de n'en laisser subsister aucun, à l'exception cependant de ceux dans lesquels il était parlé de la dynastie régnante.

Tsin-chi-hoang-ti n'aimait pas les lettrés. Il approuva le discours de son ministre et chargea Li-sse d'ordonner à tous les citoyens de brûler les livres qu'ils possédaient.

L'édit de proscription fut promulgué immédiatement. Par bonheur, une grande partie des monuments historiques de la Chine consistait alors en tablettes de bambou, et plusieurs, échappant à une ruine complète, subsistèrent plus ou moins mutilés.

Un certain nombre de lettrés aimèrent mieux mourir que de mettre le feu à leur bibliothèque.

VII

L'INCENDIE DE ROME SOUS NÉRON

(64)

L'incendie de Rome sous Néron fut tellement désastreux qu'on ne peut guère lui comparer que celui de Londres en 1666. Tacite ne sait s'il doit l'attribuer au hasard ou à un caprice de l'empereur; mais, d'après Suétone, un des favoris de Néron ayant, dans le cours de la conversation, cité le vers grec :

$$\text{Ἐμοῦ θανόντος γαῖα μιχθήτω πυρί}^{1}$$

« Non, répondit le prince, que ce soit de mon vivant! » et il mit à exécution cette menace barbare, « choqué, à ce qu'il disait, du mauvais goût des anciens édifices, du peu de largeur et de l'irrégularité des rues[2] ».

Ce qu'il y a de certain, c'est que le 19 juillet 64, un incendie se déclara dans la partie du Cirque contiguë au mont Palatin et au mont Célius. En cet endroit, les boutiques se trouvaient remplies de toutes sortes de matières capables d'alimenter la flamme : aussi le feu,

---

1. Que tout s'embrase et périsse après moi.
2. Suétone, *Néron*, 38.

dont rien n'arrêtait la marche, enveloppa-t-il bientôt, sous l'action du vent, la longueur entière du Cirque, réduisant en cendres les maisons de bois qui bordaient les rues étroites et tortueuses de Rome. La rapidité du mal prévint tous les efforts pour l'arrêter.

« D'ailleurs, les lamentations et les frayeurs des femmes, la faiblesse des vieillards et celle des enfants; puis, les habitants qui se pressaient, ceux-ci pour eux-mêmes, ceux-là pour d'autres, traînant des malades ou les attendant, les uns s'arrêtant, les autres se hâtant, tout ce trouble empêchait les secours. Et souvent, tandis qu'ils regardaient derrière eux, ils se retrouvaient investis par devant ou par les côtés; ou bien, s'ils tentaient de se réfugier dans les quartiers voisins, les trouvant déjà la proie des flammes, ils se voyaient encore, à des distances qu'ils avaient jugées considérables, poursuivis par le même fléau. Enfin, ne sachant plus où était le péril, où était le refuge, ils restaient entassés dans les rues, étendus dans les champs, quelques-uns ayant perdu toute leur fortune, n'ayant pas même de quoi subsister; d'autres, par amour pour des parents qu'ils n'avaient pu arracher à la mort, s'ensevelirent dans les flammes. Personne n'osait résister au fléau; on entendait autour de soi mille cris menaçants qui défendaient d'éteindre; on vit même des gens qui lançaient ouvertement des flambeaux en criant à haute voix qu'ils en avaient l'ordre, soit afin d'exercer plus librement leur brigandage, soit que l'ordre eût été donné réellement[1]. »

Néron se trouvait alors à Antium. Il se décida à reve-

1. Tacite, *Annales*, XV, 38.

Fig. 2. — Incendie de Rome sous Néron (an 64).

nir à Rome, lorsqu'il apprit que l'édifice qu'il avait fait construire pour joindre le palais d'Auguste et les jardins de Mécène était menacé; mais sa présence n'empêcha pas la destruction de l'édifice ni de ses dépendances. Alors il fit ouvrir au peuple les monuments d'Agrippa et le Champ de Mars, et des hangars furent construits à la hâte pour abriter la plèbe; on demanda des meubles à Ostie et aux villes voisines, et le blé fut réduit au plus bas prix.

Cependant le bruit courait qu'au plus fort de l'incendie, Néron, du haut de la tour de Mécène, contemplait cet affreux spectacle, une lyre à la main, chantant par allusion l'incendie de Troie. Le fait n'est pas prouvé, mais ce n'est pas faire injure au tyran que de l'en accuser.

Vers le sixième jour, le feu semblait s'être arrêté au pied des Esquilies, lorsqu'il se ranima dans les possessions Émiliennes, occupées par Tigellinus. Enfin, on put constater que dix quartiers sur quatorze n'existaient plus : trois avaient été rasés, sept brûlés presque entièrement. Les plus anciens monuments religieux, le Temple de la Lune élevé par Servius Tullius, celui que l'Arcadien Évandre avait consacré à Hercule, celui de Jupiter Stator bâti par Romulus, le palais de Numa, le temple de Vesta, les demeures des anciens généraux ornées des dépouilles de l'ennemi, en un mot toutes les merveilles de l'ancienne Rome n'offraient plus que des vestiges à demi brûlés.

Des mesures furent prises immédiatement par l'empereur pour éviter le retour d'une pareille calamité : il fut décidé que les rues seraient à l'avenir larges et alignées, que les édifices seraient moins élevés et construits en pierre, que l'eau circulerait plus abondamment, qu'enfin il n'y aurait plus de murs mitoyens. Pour apaiser les dieux, on fit des prières publiques à Vulcain, à Cérès et à Proserpine. Selon Tacite, l'empereur promit une récompense aux citoyens qui feraient rebâtir leurs demeures dans un délai donné ; mais Suétone, toujours en contradiction avec lui, affirme que Néron exigea des contributions pour la réédification de Rome et qu'il faillit ruiner ainsi les particuliers et les provinces. En tout cas, il commença par faire construire pour son usage personnel un palais magnifique sur les ruines de la patrie. Puis, voyant qu'on l'accusait, il rejeta la faute sur les chrétiens, auxquels il fit subir les derniers supplices ; sur son ordre, on les enveloppa de peaux de bêtes pour les faire dévorer par les chiens, on les crucifia, on les enduisit de résine et l'on s'en servit comme de flambeaux. Ces scènes atroces se passaient dans les propres jardins de l'empereur, qui, vêtu en cocher, donnait des jeux au cirque et conduisait lui-même des chars !

VIII

L'INCENDIE DU TEMPLE DE JÉRUSALEM SOUS TITUS

(70)

Le Temple de Jérusalem, brûlé une première fois sous Nabu-kudur-usur, avait été réédifié après la captivité de Babylone, purifié sous Judas Machabée et reconstruit du temps d'Hérode. Il devait être incendié une seconde fois lors du siège de Jérusalem par Titus (70).

On sait[1] que le 5 thammuz (juin-juillet) les Romains s'étaient emparés de la forteresse Antonia et que les Juifs s'étaient retranchés dans l'enceinte du Temple, contre lequel les Romains élevèrent aussitôt leurs terrasses. Les assiégés, vaincus dans une sortie, crurent se venger de cet échec en mettant volontairement le feu aux portiques du nord-ouest, par où le temple communiquait avec la forteresse Antonia : ils détruisaient une partie de l'édifice, dans l'espoir qu'ils sauveraient le reste. Mais les soldats de Titus ripostèrent deux jours après (24 thammuz) par l'incendie du portique septentrional.

Les Juifs pensèrent que cette circonstance était favorable à leur position militaire, et ils ne firent aucun effort

---

1. Voir les *Sièges célèbres*, dans la collection des *Merveilles*.

pour arrêter les progrès du mal. Bien plus, le 27 thammuz, ils amassèrent dans les portiques de l'ouest du soufre, du bitume, du bois sec et d'autres matières inflammables; puis, ils firent semblant de s'enfuir. Les Romains se laissèrent prendre au piège et beaucoup d'entre eux se précipitèrent dans les portiques.

Cette imprudence leur coûta cher; car les assiégés, voyant qu'un certain nombre de soldats montaient à l'escalade, mirent le feu aux substances dont ils avaient eu soin de combler cette partie du Temple. Les assaillants, surpris par l'embrasement soudain des portiques, essayèrent inutilement de se sauver : les uns périrent au milieu des flammes, les autres se tuèrent eux-mêmes pour ne pas être brûlés vifs; d'autres enfin, sautant à tout hasard, tombèrent entre les mains des Juifs qui les massacrèrent.

Titus, qui, il faut le reconnaître, se montra constamment désireux de conserver le Temple et n'écouta pas même les conseils de ceux qui l'engageaient à détruire ce bel édifice, s'efforça à plusieurs reprises de vaincre l'ennemi sans avoir recours à la violence. Il échoua dans ses tentatives; puis, lorsqu'il vit à quels excès se portaient les Juifs en proie à la famine, lorsqu'il sut qu'une femme de Pérée avait osé se nourrir des membres de son enfant, lorsqu'il fut certain que ses béliers n'arriveraient pas à faire brèche au Temple et que les assauts pourraient être repoussés longtemps encore, le dépit s'empara de lui. Il ordonna donc aux soldats de mettre le feu aux portes : le revêtement d'argent fondit, le bois fut consumé et les flammes gagnèrent rapidement les galeries dans toutes les directions. Les Juifs n'eurent pas le courage de combattre l'incendie, qui dura tout le jour et toute la nuit, et qui aurait plus longuement exercé ses ravages sans l'intervention de Titus. Sur l'ordre de leur général, quelques cohortes se mirent à éteindre le feu pour se frayer un passage vers le Temple.

Le lendemain matin (10 ab : juillet-août), les assiégés tentèrent une sortie[1]. Ils surprirent et repoussèrent les postes ennemis, inférieurs en nombre; mais vers onze heures, ils furent repoussés à leur tour. Sans perdre courage, ils firent immédiatement une seconde sortie et voulurent repousser les légionnaires, qui en ce moment cherchaient à arrêter l'incendie de l'enceinte intérieure du Temple. Alors un soldat, sans en avoir reçu l'ordre, se fit soulever par un de ses compagnons et jeta un tison enflammé « dans les lieux par où l'on allait aux bâtiments faits autour du Temple du côté du nord[2]. » Le feu se communiqua rapidement à tous les cabinets et ce fut en vain que Titus, accouru en toute hâte, donna des ordres pour essayer une fois encore de sauver le monument sacré. Ne pouvant arrêter la fureur des soldats, il entra avec ses principaux officiers dans le sanctuaire, dont la magnificence l'étonna, et qu'il voulut au moins conserver; mais le feu, mis à la porte du Temple par un soldat, dévora en un instant toutes ces richesses. Les Juifs, de leur côté, firent quelques efforts pour éteindre les flammes, sans être plus heureux. Les Romains achevèrent la ruine des portiques et des portes et ils incen-

---

1. Il y avait six siècles et demi qu'à pareil jour, à pareille heure, les Babyloniens avaient mis le feu au Temple de Salomon.
2. Josèphe, livre VI.

dièrent la Trésorerie pleine de riches vêtements, d'argent et d'objets précieux.

« Au bruit des flammes pétillantes, dit M. Munk, au fracas des murs croulants, se mêlaient les gémissements des victimes et le cri de victoire des Romains; les habitants de la ville répondaient aux cris plaintifs de leurs frères mourants, et les échos des montagnes voisines accompagnaient de leur retentissement cette scène effroyablement grandiose de destruction et de mort. »

L'incendie du Temple fut suivi de celui de la Basse-Ville : la place Ophla, le palais d'Hélène Adiabène, les Archives, l'Hôtel de Ville ne furent bientôt plus que des ruines fumantes. « Cet embrasement, dit Josèphe, consumait, avec les maisons, les corps morts dont les rues de la ville étaient remplies. »

IX

L'INCENDIE DE LA BIBLIOTHÈQUE D'ALEXANDRIE

(642)

La Bibliothèque d'Alexandrie fut fondée par Ptolémée Soter dans le quartier Bruchion[1]. Ptolémée Philadelphe et ses successeurs s'appliquèrent à en accroître l'importance, et, selon Aulu-Gelle et Ammien-Marcellin, elle compta jusqu'à sept cent mille volumes. Aussi avait-on dû établir un dépôt supplémentaire dans le temple de Sérapis.

Lorsque César s'empara d'Alexandrie, la première bibliothèque périt dans les flammes. Celle du Sérapéion, qui s'était augmentée des deux cent mille volumes de la bibliothèque de Pergame, donnés par Antoine à Cléopâtre, fut détruite en 390, pendant les guerres entre les païens et les chrétiens. Cependant, on était parvenu à la reconstituer, lorsque les Arabes se rendirent maîtres de la ville et la détruisirent de nouveau (642).

Le général Amrou-ben-el-Aas, conquérant de la Syrie

---

1. Ptolémée fonda la Bibliothèque d'Alexandrie à l'intention des savants pour lesquels il avait institué déjà le *Museon*, sorte d'académie où des hommes d'étude vivaient et travaillaient en commun.

et de l'Égypte, voulut, dans toutes les villes qu'il traversa en vainqueur, se concilier l'affection des nouveaux sujets du khalife : il en fut de même à Alexandrie, où il écouta avec une grande bienveillance toutes les réclamations qu'on lui fit.

« La Bibliothèque avait échappé à la connaissance des musulmans, soit que son asile leur fût resté ignoré, soit que, ne devinant pas le prix inestimable des trésors scientifiques qu'elle recélait, ils n'eussent vu dans ces précieux manuscrits que des rouleaux dé parchemin ou de papyrus, dont la valeur matérielle leur semblait trop modique pour qu'il y eût à s'en occuper [1]. »

Jean le grammairien, sectateur d'Aristote, qui passait sa vie à consulter les trésors du Sérapéion et qui s'était acquis la considération d'Amrou, craignit que les volumes ne fussent dispersés. Il se rendit donc auprès du général arabe et lui demanda quelques ouvrages philosophiques, auxquels il tenait particulièrement. Dans la joie qu'il éprouva de voir sa demande bien accueillie, il commença à faire l'éloge de ces manuscrits et à insister sur leur rareté.

Mais alors Amrou se fit scrupule de disposer de choses aussi précieuses sans l'assentiment du khalife, et il en référa à Omar. « Si les livres dont tu me parles, répondit ce dernier à son général, contiennent les mêmes doctrines que le Koran, ils sont inutiles ; s'ils renferment des dogmes contraires à ceux du Koran, ils sont sacrilèges : dans les deux cas tu dois les détruire. » Ce fameux dilemme fut l'arrêt de mort de la Bibliothèque, dont les manuscrits

1. Marcel, *Histoire de l'Égypte depuis la conquête des Arabes*, p. 77.

servirent pendant six mois à chauffer les bains publics d'Alexandrie.

On a quelquefois nié cet incendie, mais la manière dont s'expriment Abul-faradj et Ab-allatif semble ne laisser aucun doute à cet égard.

X

L'INCENDIE DE MOSCOU
(1571)

Moscou était au seizième siècle une ville de trois lieues et demie de circuit, ou plutôt une agglomération de maisons en bois mal construites et mal alignées. Les rues, plantées d'arbres, n'étaient pas pavées et devenaient si fangeuses en temps de pluie qu'on n'y pouvait passer qu'à cheval. « Il y avoit tant en la ville qu'ès fauxbourgs et au chasteau cinq mille cinq cens temples, quasi tous comme des chapelles : plusieurs construits avec grands arbres rangés l'un sur l'autre ; et avoient des hautes tours de bois, sans fer ni pierre, fort bien faites. »

En 1570, la peste se déchaîna sur Moscou ou Moscovv et causa la mort de 250 000 personnes. L'année suivante (15 mai 1571), la ville fut incendiée par les Tartares.

Le récit de cet incendie nous a été conservé par un marchand des Pays-Bas qui avait voyagé en Moscovie au seizième siècle. Cette curieuse narration, citée par Simon Goulart[1], mérite d'être en partie reproduite. Après une

1. *Histoires admirables et mémorables de nostre temps,* nouvellement mises en lumière, par Simon Goulart, Senlisien. Paris, 1610. (Voir la première partie, page 137.)

digression sur la peste de 1570, le voyageur s'exprime en ces termes :

« Ceste misère extreme fut suivie l'an d'après d'une ruine estrange, le quinziesme jour de may. L'occasion fut que l'Empereur des Tartares, mal content de ce que les Moscovites ne lui payoyent plus certain tribut annuel, et entendant d'autre part que le Grand Duc (de Moscovie), par ses tyrannies et massacres, avoit tellement desfriché ses païs, que la résistance ne seroit grande de ce costé, le somma de payer le tribut. Mais le Duc ne respondit qu'outrages et mocqueries. Au moyen de quoy le Tartare partit de ses pays environ la fin de février, suyvi d'une armée de cent mille chevaux, qui en deux mois et demi firent près de cinq cens lieues d'Alemagne. Estans à deux journées près des frontières du Duc, il délibéra leur aller au devant, et de fait leur donna bataille : mais il la perdit, avec une horrible desroute et carnage de ses gens. Le Duc conoissant que le Tartare le cercheroit, s'enfuit à grandes journées au plus loin qu'il peut. Il n'estoit qu'à neuf lieues de Moscovv, quand les Tartares vindrent ceindre la ville, estimans qu'il y fust. Ils mirent le feu par tous les villages d'al' environ : et voyans que la guerre tireroit trop en longueur pour eux, résolurent de brusler ceste grande ville, ou du moins les fauxbourgs d'icelle. Pour cest effect, ayans disposé leurs troupes tout autour, ils mirent le feu par tout, tellement que c'estoit un cercle enflammé. Adonc s'esleva un tourbillon de vent si furieux qu'en moins de rien il poussa de toutes parts les chevrons et longs arbres allumez des fauxbourgs en la ville. L'embrazement fut si soudain que personne n'eut loisir de se sauver, sinon à l'endroit où il se trouvoit tout à l'heure. Les personnes bruslées de cest embrazement montèrent à plus de deux cens mille : ce qui avint par ce que les maisons estoyent toutes de bois, et mesme le pavé tout de grands sapins arrangez, qui étant huileux rendirent l'embrazement extrême : tellement qu'en l'espace de quatre heures la ville et les fauxbourgs furent entièrement consumez. Moi et un jeune homme de La Rochelle, mon trucheman, estions au milieu du feu dedans un magazin tout voulté de pierre, merveilleusement fort, dont la muraille avoit trois pieds et demi d'espaisseur, et n'avoit ouverture que de deux costez : l'un par où l'on entroit et sortoit, qui estoit une assez longue allée, en laquelle il y avoit trois portes de fer, distantes l'une de l'autre environ six pieds. De l'autre costé y avoit une fenestre ou creneau, muni de trois huis de fer, à demy pied l'un de l'autre, lesquelles ouvertures nous bouschasmes par dedans au moins mal qu'il nous fut possible : ce néantmoins il y entra tant de fumée, que c'estoit plus que trop pour nous estouffer, n'eust été qu'avions un peu de bière, dont nous nous refraischissions de fois à autre. Plusieurs Seigneurs et Gentils-hommes furent esteints ès caves où ils estoyent retirez, parce que leurs maisons faictes de gros arbres, venans à fondre soudain, accabloient tout : les autres réduites en cendres bouschoyent toutes ouvertures et emboucheures : tellement qu'à faute d'air les enfermez périssoyent. Les pauvres paysans qui s'estoient sauvez de vingt lieues à la ronde avec leur bestail, voyans l'embrazement, se jettèrent en la plus grande place de la ville, laquelle n'est pavée de bois comme les autres : néantmoins il y furent tous rostis, de telle sorte qu'un homme de la plus haute taille ne sembloit qu'un enfant, tant l'ardeur du feu les avoit retirez[1]; et ce à cause des grandes maisons à l'environ.

« Chose la plus hideuse et effroyable à voir qu'il est possible de penser! En plusieurs endroicts d'icelle place les hommes estoyent par hauts monceaux plus de demie picque ; ce qui m'estonna merveilleusement : ne pouvant comprendre comme ils estoyent ainsi entassez les uns sur les autres.

« Cest horrible embrazement fit tomber la pluspart des creneaux des murailles de la ville, et crever aussi toute l'artillerie qui estoit sur icelles murailles faites de brique à l'antique, avec creneaux, sans rempars ni fossez à l'entour. Plusieurs s'estans sauvez là au long, y furent néantmoins rostis, tant le feu estoit véhément : entre autres beaucoup d'Italiens et de Wallons de ma conoissance. Tandis que le feu dura il nous sembloit qu'un million de canons tonnoyent ensemble, et ne pensions qu'à la mort, estimans que le feu dureroit quelques jours : à cause du grand pourpris du chasteau, de la ville, et des fauxbourgs. Mais tout cela fut dépesché en moins de quatre heures : en fin desquelles, le bruit s'amortissant, il nous print envie de voir si les Tartares estoyent entrez, desquels nous n'avions pas moins de peur que du feu.... Ayans escouté quelque peu, nous entendismes courir à travers la fumée deçà et delà quelques Moscovites qui parloyent de murer les portes pour empescher l'entrée aux Tartares qui attendoyent que le feu fust du tout esteint. Moy et mon trucheman sortis

---

1. *Retirer* a ici le sens de *raccourcir, racornir*.

du magazin, trouvasmes les cendres si chaudes qu'à peine osions-nous marcher : mais la nécessité nous contraignant, nous courusmes vers la principale porte, où nous trouvasmes 25. ou 30. hommes reschappez du feu, avec lesquels en peu d'heures nous murasmes ceste porte et les autres, et fismes le guet toute la nuit avec quelques harquebuzes garanties de l'embrazement..... Le 25. de may sur le soir, comme nous attendions en grande perplexité ce que les Tartares entreprendroyent contre nous, qui estions au nombre de quatre cens ou environ dedans le chasteau, les Tartares, ausquels nous avions fait une salve d'harquebuzades, et abatu quelques uns qui s'estoyent approchez trop près d'une des portes du chasteau, commencèrent à tourner visage droit vers le chemin par où ils estoyent venus, de telle vistesse que le lendemain matin tout ce torrent fut escoulé[1]. »

1. On a conservé textuellement l'orthographe originale.

XI

L'INCENDIE DU PALAIS DE JUSTICE

(1618)

Certes, ce fut un triste jeu,
Quand à Paris, dame Justice,
Pour avoir mangé trop d'épice[1],
Se mit le palais tout en feu.

Ce quatrain, qui est de Saint-Amand (et non de Théophile de Viau, comme on le croit généralement), fait allusion à l'incendie qui se déclara au Palais de Justice, dans la nuit du 6 au 7 mars 1618.

Quelle fut la cause de ce sinistre? Faut-il en accuser « la chambrière du concierge, qui aurait incurieusement laissé un bout de flambeau sur un banc d'un marchand, dont le feu s'était pris à une corde, qui l'avait porté aussitôt aux hauts étalages, faits de bois sec, de papier et de toile cirée, et de là avait gagné le toit »? Ne vaut-il pas mieux voir dans cet incendie l'œuvre de quelques

---

1. *Les épices des juges* étaient des dragées ou des confitures que donnaient au juge ou au rapporteur ceux qui gagnaient un procès. Plus tard, les épices furent converties en argent, et, de volontaires, elles devinrent une taxe due.

hauts personnages compromis dans le procès Ravaillac, dont les pièces étaient déposées au greffe?

Les historiographes contemporains ne nous donnent aucun détail à ce sujet, et plusieurs attribuent la catastrophe au hasard, à la fatalité.

Le 7 mars 1618, vers deux heures du matin[1], le feu prit à la charpente de la Grande Salle du Palais de Justice de Paris[2]. Suivant Étienne Richer[3], la sentinelle de garde au Louvre, du côté de la Seine, aperçut comme un cercle de feu sur la couverture du monument. « Peu après, des chantres de la Sainte-Chapelle, qui avaient leurs logements du côté qui regarde (la rue) Saint-Barthélemy, et quelques voisins, à un cri qui se fit, *au feu! au feu!* aperçurent ce cercle qui s'agrandissait peu à peu, et était de la grosseur d'un tonneau, justement sur la pointe proche

---

1. Félibien donne la date du 6 mars, mais il est en désaccord avec les autres historiens. Cf. *L'incendie du Palais de Justice en* 1618 par H. Bonnardot, ouvrage plein de documents très précieux.

2. La Grande Salle ou Grand'Salle du Palais se divisait en deux nefs parallèles, soutenues par des piliers de bois richement décorés et surmontés d'un lambris d'or et d'azur. Elle était entourée des statues de tous les rois de France jusqu'à Charles IX, et éclairée par des fenêtres en ogive garnies de vitraux de couleur.

A l'extrémité occidentale se trouvait la fameuse table de marbre sur laquelle les clercs de la basoche élevaient leur théâtre pour jouer les *mystères, soties, farces* ou *moralités*. Le roi et sa famille y prenaient place comme convives les jours de grande cérémonie.

A l'autre extrémité, on voyait la chapelle élevée par Louis XI, qui s'y était fait représenter agenouillé aux pieds de la vierge. Cette chapelle était en bois, dédiée à saint Nicolas, et l'on y célébrait chaque année la *messe rouge* à la rentrée du parlement.

La Grande Salle contenait en outre des boutiques adossées aux quatre premiers piliers, des bancs pour les procureurs, les avocats, les clercs et les solliciteurs. (Voir Bonnardot, op. cit., p. 148-199.)

3. Dans le *Mercure François* (tome V, p. 18). Suivant Boutray, c'est un soldat, de garde à l'enclos du palais, qui donna l'éveil.

les *Consultations*[1], logis du concierge. Le guet, qui garde d'ordinaire la grande porte de la cour du Palais, s'était levé dès la minuit. On heurtait aux portes de la Grande Salle, on criait au feu par le dehors; mais le premier somme où étaient le concierge et ses domestiques fut la cause qu'ils n'en entendirent rien. » Ce que voyant, des marchands et quelques chantres défoncèrent une petite porte qui conduisait à la galerie aux Merciers, et arrivèrent dans la Grande Salle : quatre boutiques étaient en feu. ainsi que le comble, fait de bois sec et vernissé. Bientôt, les solives et les chevrons commencèrent à tomber sur les boutiques des marchands, sur les bancs des procureurs et sur la chapelle Saint-Nicolas, où se trouvaient une grande quantité de torches et de cierges : cette circonstance donna lieu à un embrasement général, qui mit en fuite les marchands et le concierge, réveillé enfin par les cris de la foule. La partie du comble contiguë aux *Consultations* tomba la première ; la partie médiane et celle qui touchait la Conciergerie s'effondrèrent peu de temps après.

Le greffier Voisin parvint à entrer dans ses greffes, dont il emporta les registres. On sauva également ceux du greffe du Trésor et ceux du Parquet de messieurs les gens du roi; mais presque aussitôt le feu embrasa les Requêtes de l'hôtel, le greffe du Trésor, la première Chambre des enquêtes, le Parquet des huissiers, la tourelle voisine de la Conciergerie[2] et la porte du per-

---

1. Il s'agit de la chambre où les avocats s'assemblaient pour consulter.

2. C'est alors qu'on entendit les cris des prisonniers de la Conciergerie, qui appelaient au secours, disant que la fumée les suffoquait : le procureur général donna l'ordre de conduire les détenus aux pri-

ron[1]. A ce moment, « les couvreurs, les charpentiers et plusieurs autres personnes, montés sur le toit de la cour des Aides, découvraient en diligence le côté vers la Grande Salle, sciant les solives et chevrons, et renversant de dessus les gros murs, dans ladite Grande Salle, les bouts flambants des grosses poutres traversières, pour couper le chemin au feu. Ce fut lors qu'on commença à reconnaître que de ce côté-là, il ne passerait plus outre[2]. »

De leur côté, le premier président, le procureur général, le lieutenant civil, le prévôt des marchands, l'avocat général, organisèrent des secours pour sauver la galerie aux Merciers. Le prévôt des marchands ordonna aux habitants des ponts les plus voisins et des rues de la Cité contiguës au Palais, de tirer de l'eau de la Seine et des puits, « et de la répandre dans le ruisseau pour la faire couler de là dans la cour du Palais, où il se forma en moins de rien un lac qui fournit abondamment toute l'eau dont on eut besoin. On se servit aussi de quantité de foin mouillé et de fumier[3]. »

Lorsque le reste du comble tomba, un brandon fut poussé par le vent sur la tour de l'Horloge et mit le feu à un nid d'oiseau ; mais on s'en aperçut à temps. La brise était si forte qu'elle emporta des ardoises jusque dans le quartier Saint-Eustache.

On ne put sauver que les tours rondes de la Concier-

---

sons du Châtelet et du For-l'Évêque ; mais plusieurs s'échappèrent à la faveur du tumulte.

1. Cette porte faisait communiquer la Grande Salle avec la galerie aux Merciers ou Petite Salle.

2. *Mercure François*, loc. cit.

3. Félibien, *Hist. de la ville de Paris*, t. II, p. 1311.

gerie, la tour de l'Horloge, la Grand'Chambre, la cour des Aides et la galerie aux Merciers; mais l'incendie consuma la table de marbre, la chapelle et les statues. On sait que Charles VII avait fait taillader au visage celle d'Henri V d'Angleterre, qui, proclamé roi de France, avait voulu figurer à côté des souverains français : ce fut à ces mutilations qu'on reconnut la statue de l'étranger, au milieu des décombres.

Le lendemain, le parlement rendit l'arrêt suivant :

« Ce jour, la Cour, toutes les chambres assemblées, pour adviser sur l'incendie cette nuit arrivé au Palais, qui a embrasé et réduit en cendres la Grande Salle, première des Enquêtes, Parquet des huissiers et autres commodités, après avoir ouy les gens du roy, la matière mise en délibération, A ARRESTÉ que présentement deux de messieurs les présidens et quatre conseillers se transporteront vers le roy pour luy faire entendre l'accident survenu, sçavoir s'il aura agréable que la Cour continue l'exercice de la justice en ce lieu, et le supplier de pourveoir au restablissement, et jusques à ce, trouver bon que les advocats et procureurs ayent les galleries et salles de la Chancellerie pour faire leurs charges. A ordonné et ordonne que pardevant MM. Guillaume Bernard et Guillaume Des Landes, conseillers du roy, visitation sera faite des dits lieux, et rapport de l'estat, et par eux (sera) informé à la requête du procureur général comme l'incendie est advenu... »

Le reste de l'arrêt enjoignait aux huissiers de la Cour et des Enquêtes, aux procureurs et aux avocats, de représenter les registres, pièces et titres qu'ils avaient pu sauver, sous peine de se voir interdire désormais l'accès du Palais. Ordre était donné à tous ceux qui avaient emporté quelques sacs, procès, minutes, ou autres papiers semblables, de les remettre entre les mains de Jean du Tillet, greffier de la Cour.

Jacques de Brosse fut chargé de reconstruire la Grande Salle, qui s'appela dans la suite *Salle des Pas-Perdus*.

XII

L'INCENDIE DE LONDRES

(1666)

Londres, délivré de la peste, fut victime d'un effroyable incendie.

« La nuit du 11 au 12 de ce mois (septembre 1666), dit Renaudot[1], le feu ayant pris à quelques maisons voisines de la Tour de Londres sans qu'on ait pu savoir de quelle manière, il fut rendu si violent par les vents du nord-est, qu'en cinq jours et autant de nuits, il réduisit en cendres toute l'enceinte de cette ville, et par delà jusques au collège appelé Temple-Bar, la Douane, les Magazins, la place des marchands appelée la Bourse, la maison et le magazin des Indes, la Maison de ville, quatre-vingt-dix paroisses et la moitié du Pont[2]. »

La cause de l'incendie qui, en 1666, fit de Londres un monceau de ruines, fut l'objet de beaucoup de doutes.

1. Certains historiens prétendent que le feu se déclara le 2 septembre à une heure du matin, diminua progressivement à partir du 4 et fut éteint le 6. Il y eut en réalité 13 200 maisons et 90 églises brûlées.
2. La *Gazette*, de Théophraste Renaudot, 1666, p. 1046.

Les uns accusèrent de ce désastre les Hollandais, ennemis de l'Angleterre ; les autres virent là l'œuvre de traîtres ou de factieux. La *Gazette* de Théophraste Renaudot, qui, comme on vient de le voir dans le passage cité plus haut, déclare qu'on ne sait de quelle manière se produisit l'incendie, nous dit ailleurs que le feu prit d'abord « en la maison d'un boulanger, proche le Pont, en la rue de New-Fish, avec tant de violence qu'ayant gagné le haut, il embrasa pareillement celles qui estoient proches, et en peu de temps le reste de cette rue. »

La maison de ce boulanger était goudronnée extérieurement et renfermait une grande quantité de fagots et de bourrées. Comme les rues étaient très étroites et que chaque étage avançait toujours sur l'étage inférieur, les toits étaient presque contigus : cette fâcheuse disposition aida puissamment au progrès des flammes. New-Fish street brûla entièrement; le feu se communiqua rapidement de quartier en quartier, et dans la rue de la Tamise, il se partagea en deux branches qui se dirigèrent de l'est à l'ouest et se rejoignirent au pont de Londres, dont elles brûlèrent une partie des maisons[1].

Parmi les monuments détruits, il faut citer la cathédrale de Saint-Paul, l'église de Sainte-Marie des Arcs, l'église du Christ, la Douane, l'hôtel de Sommerset. L'Hôtel de Ville, la prison de Newgate, l'église de Saint-Dunstan ne furent pas complètement ruinées.

Comme nous l'avons dit, on accusa les Hollandais,

---

1. Voir Barjaud et Landon, *Description de Londres et de ses édifices*, Paris, 1810, in-8.

Fig. 3. — Incendie de Londres (1666).

parce qu'on était en guerre avec eux. Quelques-uns soupçonnèrent les catholiques romains. « Il était bien plus naturel de chercher la cause de ce désastre dans la mauvaise construction des maisons, dans la mauvaise disposition des rues, dans le peu de précautions prises pour prévenir le retour de ces incendies si fréquents à Londres, dans ce vent d'est qui augmenta la furie de l'embrasement, enfin dans la sécheresse extrême qui avait eu lieu durant tout le printemps et tout l'été, et qui semblait avoir préparé cette malheureuse ville à être plus facilement dévorée par les flammes[1]. »

Le roi d'Angleterre, accompagné du duc d'York et d'une partie de la noblesse, parcourut la ville à cheval, donnant des ordres, relevant le courage de ses sujets. Il fit transporter à White-Hall ce que les habitants avaient pu sauver, « particulièrement les marchandises, et l'argent que chacun venoit déposer entre ses mains comme en un asile sacré[2] », puis il distribua tout le biscuit des vaisseaux aux incendiés, et publia une proclamation enjoignant aux cantons voisins d'apporter des provisions à Londres.

Tous les courtisans ne prirent pas en pitié les souffrances du peuple.

L'un démontrait à Charles II que « cet incendie d'une ville toujours prête à la révolte n'était pas sans avantage pour la royauté ».

« Le roi, disait un autre, aura sans doute la sagesse de ne plus relever ni portes ni murailles, et de tenir tout

1. Voir Barjaud et Landon, op. cit., p. 29.
2. Les pertes s'élevèrent à 10 000 000 livres sterling. Les victimes furent au nombre de six seulement.

ouvert pour que ses troupes soient toujours en mesure de contenir la multitude[1]. »

Il faut dire, à la louange du prince, qu'il n'écouta pas ces conseils et qu'il donna au contraire à ses sujets, dans ces cruelles circonstances, plus d'une preuve d'intérêt. Pour attirer les bénédictions du ciel sur la capitale, il ordonna un jeûne solennel en Angleterre et dans la principauté de Galles. Il promit de faire rebâtir la Douane le plus promptement possible et recommanda à la générosité publique la reconstruction des églises. Tous ceux qui consentirent à relever leurs demeures furent exemptés pour sept ans des droits d'impôt sur les cheminées.

Sur la requête du maire et des *aldermen*, le roi décida qu'on ne se servirait plus que de la brique et de la pierre pour bâtir et qu'on ferait de « bonnes voûtes aux caves et celliers, l'expérience de cet incendie en ayant montré l'utilité et la conséquence. »

Le célèbre Christophe Wren présenta au roi un plan de réédification complète de Londres; mais les uns se montrèrent partisans de l'ancien plan, les autres opinèrent pour le nouveau : on s'arrêta à un moyen terme et l'on s'aida également des deux projets.

Cinq ans plus tard, Christophe Wren éleva à Londres, par ordre du Parlement, une colonne triomphale destinée à perpétuer la mémoire de l'incendie de 1666. Cette colonne, appelée *le Monument*, est cannelée et creuse, d'ordre dorique, très haute[2], posée sur un piédestal, et située sur une petite place près de New-Fish street.

1. Voir le *Magasin pittoresque*, t. V, p, 253, et t. XXIX, p. 208.
2. 191 pieds. — Le *Monument*, commencé en 1671, fut achevé en 1677.

Elle est construite en pierres de Portland, et le couronnement se termine par un vase de bronze, d'où jaillissent des flammes. Un escalier de marbre noir de 311 marches conduit sur le tailloir du chapiteau, et un bas-relief, considéré par les Anglais comme un chef-d'œuvre, orne une des faces du piédestal.

« Sur le premier plan de ce bas-relief, on voit une belle femme représentant la cité de Londres. Derrière elle, on aperçoit des maisons que les flammes dévorent, et elle est assise sur des ruines, dans l'attitude de la douleur, la tête penchée sur son sein, les cheveux en désordre ; sa main est négligemment posée sur une épée, et le bonnet de la Liberté est à côté d'elle. Entre elle et les flammes, on voit le Temps qui la soulève et la console. A sa droite est une jeune femme qui la touche légèrement d'une main, tandis que de l'autre, tenant un spectre ailé, elle l'invite à lever les yeux et à regarder deux déesses portées sur des nuages : l'Abondance et la Paix. A ses pieds, on remarque une ruche, emblème de l'industrie et de l'activité, à l'aide desquelles on surmonte tous les obstacles. Derrière le Temps, plusieurs citoyens applaudissent aux efforts qu'il paraît faire pour relever le personnage principal. Au-dessous, parmi des ruines, on aperçoit un dragon qui, comme support des armes de la Cité, s'efforce de la défendre avec ses griffes. Vis-à-vis, sur un terrain élevé, on voit Charles II vêtu à la romaine, le front ceint de lauriers, le bâton de commandement en main ; il paraît s'approcher de la femme désolée et ordonner à trois personnages élevés dans les airs de descendre à son secours. Le premier est la Science, le second l'Architecture, le troisième la Liberté, qui agite son bonnet dans l'air pour manifester sa joie à l'agréable perspective du rétablissement de la Cité. Le duc d'York est derrière le roi son frère ; il tient d'une main une guirlande pour couronner la Cité, et, de l'autre une épée pour la défendre. La Justice et la Force sont derrière ce prince. La première tient une couronne, la seconde gouverne un lion avec des rênes. Sur le terrain où est placé le roi, on voit l'Envie sortir d'un antre, et verser le fiel de sa bouche sur un cœur sanglant qu'elle dévore. Dans la partie supérieure du dernier plan, la reconstruction de la Cité est indiquée par des maçons montés sur des échafaudages et travaillant à des maisons qui ne sont pas encore terminées[1]. »

1. Barjaud et Landon, op. cit.

XIII

L'INCENDIE DU PALATINAT

(1689)

A l'extinction de la branche palatine de Simmeren (1685), Philippe-Guillaume, de la branche de Neubourg, fut mis en possession de l'Électorat. Le duc d'Orléans, qui avait épousé la sœur de Charles, dernier Électeur de la branche éteinte, revendiqua les fiefs féminins de la succession[1].

L'opposition de Philippe-Guillaume, dans cette circonstance, déplut à Louis XIV, frère du duc d'Orléans, et le roi de France, irrité d'ailleurs de la formation de la ligue d'Augsbourg et désireux de défendre principalement la ligne du Rhin[2], envoya dans le Palatinat une armée chargée de n'en rien laisser subsister. L'incapable Cham-

---

1. *Précis de l'histoire du Palatinat du Rhin*, par M. Colini, secrétaire intime de S. A. S. E. Palatine (Francfort et Leipzig, 1763, pet. in-12).

2. C. Rousset, *Histoire de Louvois*, t. III. — Voltaire fait remarquer que Louis XIV, en incendiant le Palatinat, voulait plutôt empêcher l'ennemi de subsister que se venger de l'Électeur Palatin, qui, en somme, avait fait son devoir en s'unissant au reste de l'Allemagne contre la France. (*Siècle de Louis XIV*, ch. XVI.)

lay avait eu le premier la pensée de vouer cette région à une ruine générale.

Philipsbourg fut pris en 19 jours, Manheim en trois (11 novembre 1688), Frankenthal en deux. Spire, Trèves, Worms et Oppenheim ne firent aucune résistance (15 novembre 1688).

Lorsque Louvois apprit la prise de Manheim, il écrivit à l'intendant La Grange [1] :

« Je vois le roi assez disposé à faire raser entièrement la ville et la citadelle de Manheim, et en ce cas d'en faire détruire entièrement les habitations, de manière qu'il n'y reste pas pierre sur pierre qui puisse tenter un Électeur — auquel on pourrait rendre ce terrain pendant une paix — d'y faire un nouvel établissement... Sa Majesté ne juge pas encore à propos que ce projet vienne à la connaissance de personne. »

Les hésitations du roi durèrent peu, et Louis le Grand ne se montra jamais si petit que le jour où il ordonna l'incendie de Manheim et d'Heidelberg. « Les généraux français, dit Voltaire, qui ne pouvaient qu'obéir, firent donc signifier dans le cœur de l'hiver aux citoyens de toutes ces villes si florissantes et si bien réparées, aux habitants des villages, aux maîtres de plus de cinquante châteaux, qu'il fallait quitter leur demeure et qu'on allait les détruire par le fer et par les flammes. Hommes, femmes, vieillards, enfants sortirent en hâte. Une partie fut errante dans les campagnes, une autre se réfugia dans les pays voisins, pendant que le soldat, qui passe toujours les

---

1. Cette lettre et celles qu'on trouvera citées dans ce chapitre sont aux archives du Dépôt de la Guerre.

ordres de rigueur et n'exécute jamais ceux de clémence, brûlait et saccageait leur patrie [1] (1689). »

M. de Montclar envoya chercher les magistrats de Manheim, et les avertit que bientôt leur ville n'existerait plus. De son côté, le comte de Tessé fit détruire Heidelberg.

« Je ne crois pas, écrivit-il à Louvois, que de huit jours mon cœur se retrouve dans sa situation ordinaire. Je prends la liberté de vous parler naturellement, mais je ne prévoyais pas qu'il en coûtât autant pour faire exécuter soi-même le brûlement d'une ville, peuplée, à proportion de ce qu'elle est, comme Orléans. Vous pouvez compter que rien du tout n'est resté du superbe château d'Heidelberg. Il y avait, hier à midi, outre le château, quatre cent trente-deux maisons brûlées ; le feu y était encore. Le pont est si détruit qu'il ne pourrait l'être davantage. Je ne doute pas que M. l'intendant ne vous rende compte des meubles qui se sont trouvés dans le château que je lui ai fait remettre. Dieu merci, je n'ai été tenté de rien. J'ai seulement fait mettre à part les tableaux de famille de la maison Palatine : cela s'appelle les pères, mères, grand'mères et parents de Madame (*duchesse d'Orléans*), avec intention, si vous me l'ordonnez ou me le conseillez, de lui en faire une honnêteté, et les lui faire porter, quand elle sera un peu détachée de la désolation de son pays natal ; car, hormis elle, qui peut s'y intéresser, il n'y a pas de tout cela une copie qui vaille douze livres. J'ai encore fait prendre dans la chapelle un grand tableau d'une *Descente de croix* qu'on dit qui est bon, mais je ne

1. Voltaire, *Siècle de Louis XIV*, ch. XVI. — Voir aussi les *Mémoires de la Cour de France*, par Mme de Lafayette (1688-89).

me connais point en tableaux ; je voudrais de tout mon cœur qu'il fût dans la chapelle de Meudon. »

A la cour de Louis XIV, cette cour si brillante en apparence, mais si insignifiante lorsqu'on la considère sous son véritable jour, il n'y avait en effet que Madame, duchesse d'Orléans, qui déplorât la ruine du Palatinat. La pauvre femme croyait fermement qu'elle était seule le prétexte des horreurs commises par les généraux de Louvois, et elle tomba dans un accès de mélancolie trop sincère pour être compris de l'entourage du *grand* roi. Quant à Louvois, il écrivit à M. de Monclar qu'à son sens Heidelberg n'était pas assez complètement « brûlé et abîmé ».

Naturellement, Monclar s'excusa. Il avait fait son devoir, tout son devoir, et ce n'était certes pas sa faute si la ruine d'Heidelberg laissait à désirer : « Je me suis rendu aux portes de la ville avec les troupes que vous m'aviez ordonné de prendre, après leur avoir fait donner de l'avoine pour quatre jours, et n'en ai bougé qu'après avoir vu les châteaux, ponts et moulins entièrement abîmés et le feu par toute la ville, où je n'ai pas cru devoir entrer pour ne rien détourner, toutes choses m'ayant paru en bon train ; et je vous prie de trouver bon que j'aie l'honneur de vous dire, que M. le comte de Tessé avait fait son devoir, ayant fait mettre le feu partout ; mais qu'une grande ville comme Heidelberg, où il n'y avait aucuns fourrages, ne peut être brûlée dans si peu de temps, et qu'il aurait fallu pour cela pour le moins huit ou dix jours, et un plus grand corps de troupes que celui qu'il y avait. L'expérience de Manheim est une preuve de ce que j'ai l'honneur de vous dire : et s'il y a eu de la faute, *c'est de n'avoir pas chassé tout le peuple avec violence hors de la ville*, sans quoi l'on n'en serait jamais venu à bout. Quoique ledit Heidelberg soit insultable de tous côtés et hors d'état de défense, l'on ne saurait néanmoins y marcher présentement sans toutes les troupes qui sont de ces côtés-ci, à cause de la garnison qu'il y a et des troupes qui sont en mouvement. Si après le rasement de Manheim, la chose est encore faisable, j'y marcherai moi-même pour exécuter les ordres de Sa Majesté. »

La réponse de Louvois ne se fit pas longtemps attendre :

« Le moyen d'empêcher que les habitants de Manheim ne s'y rétablissent, c'est, après les avoir avertis de ne le point faire, de faire tuer tous ceux que l'on trouvera vouloir y faire quelque habitation. »

Manheim et Heidelberg détruits, on résolut de ruiner également Spire, Worms et Oppenheim. Le duc de Duras estima que, pour gagner du temps, il importait de brûler ces villes au lieu d'en démolir les maisons. Aussi envoya-t-il M. de la Fond dans chacune d'elles, avec mission de faire assembler les magistrats et de les avertir de la résolution que le roi était obligé de prendre pour empêcher les ennemis de s'emparer de Spire, Worms et Oppenheim. Louis XIV accordait quelques jours aux habitants pour leur permettre de retirer leurs meubles et leur proposait des établissements avec franchises en Alsace, en Bourgogne ou en Lorraine. Ces précautions prises, « le feu serait mis partout », et après l'incendie « on abattrait les pignons et les murailles » laissés intacts par le feu.

Le 26 mai, les habitants des trois villes menacées

commencèrent à enlever leurs effets et leurs meubles : Duras envoya Monclar à Worms, Tilladet à Spire, Coignies à Oppenheim. Chacun de ces chefs était chargé de presser « autant qu'ils pourraient » la sortie « des bourgeois ».

Cinq jours après, Oppenheim et Worms étaient entièrement brûlées. Le 1er juin on mettait le feu à Spire, le 4 juin on incendiait Bingen. La magnifique cathédrale de Worms ne fut même pas épargnée.

Les populations, traquées comme des bêtes fauves, réduites à la misère, privées de tout, finirent par se révolter. Ce résultat, si facile à prévoir, remplit d'étonnement M. de Chamlay, qui écrivit à Louvois (29 août) :

« M. de Mélac revint hier au soir sans avoir rien fait; il a trouvé tout le pays des Deux-Ponts armé et plein de chenapans qui tiraient sur lui de tous les buissons et de tous les passages. Il faut absolument mettre ces peuples-là à la raison, soit en les faisant pendre, soit en brûlant leurs villages. Jamais, dans les guerres précédentes les plus aigries, il n'y a eu un déchaînement pareil à celui de ces maudits paysans-là. Une chose qui doit surprendre est qu'ils ne veulent pas de quartier, et quand on n'a pas pris la précaution de les désarmer en les prenant, ils ont l'insolence de tirer au milieu d'une troupe. »

Tel fut l'incendie du Palatinat. C'est avec intention que l'on s'est appuyé dans ce récit sur les lettres de ceux qui ont commis ou fait commettre ces scènes de barbarie, sans y être forcés par les nécessités de la guerre. Les incendiés firent frapper une médaille commémorative ayant pour exergue : *Securos sic tractat Gallus amicos.* Est-ce bien la nation française, le français, *Gallus*, qui est responsable de tant d'horreurs? Est-ce bien le mot *Gallus* qu'il fallait employer, et la devise ne serait-elle pas plus exacte, conçue en ces termes : *Securos sic tractat* Rex Ludovicus *amicos?*

XIV

L'INCENDIE DE MOSCOU

(1812)

Lorsque l'armée française fut arrivée devant Moscou, Murat reçut l'ordre d'entrer dans la ville. Le roi de Naples, suivi de son état-major et d'un détachement de cavalerie, s'enfonça dans les rues solitaires de l'ancienne capitale des czars : conformément aux ordres du gouverneur, Rostopchin; la population presque tout entière avait fui, et Moscou présentait cet aspect morne, silencieux et triste qu'ont les cloîtres, les ruines ou les déserts. En effet, Rostopchin, après avoir répandu les bruits les plus faux sur la prétendue faiblesse des armées françaises, après avoir publié que Napoléon voulait anéantir le peuple orthodoxe, avait conçu le dessein d'ensevelir l'armée victorieuse sous les décombres de Moscou envahie. En apprenant l'issue de la bataille de Borodino, les Russes avaient levé le camp de Fili, et Kutusof s'était porté au sud, de manière à communiquer avec les corps de Tchitchagof et de Tormasof. Le gouverneur avait de son côté ordonné aux habitants d'évacuer leurs demeures à l'instant même, et enjoint aux prisonniers de mettre le feu aux maisons à l'aide de torches, de fusées et de pétards.

Murat fut saisi d'étonnement à la vue de cette solitude. Craignant quelque surprise ou quelque embûche, il s'avança lentement, espérant qu'une députation allait venir implorer la clémence de l'empereur.

Près du Kremlin stationnaient des groupes de Cosaques, de soldats, d'hommes du peuple; et des bandits, agents de Rostopchin, tirèrent plusieurs coups de fusil sur l'avant-garde, qui vint promptement à bout des agresseurs.

Les Français, de plus en plus méfiants, continuèrent leur marche avec les mêmes précautions, et ce fut seulement à sept heures du soir que les troupes purent bivouaquer. Napoléon s'arrêta à l'entrée du faubourg pour y attendre une députation des habitants : ne la voyant pas venir, il envoya aux renseignements des officiers polonais, qui apprirent la fuite des seigneurs et des fonctionnaires de Moscou. On réunit donc à la hâte des marchands étrangers et on les conduisit devant l'empereur. « Les Russes, dirent-ils au monarque, ont abandonné Moscou; il n'y est resté que quelques étrangers comme nous qui s'adonnaient au commerce, et quelques individus des dernières classes du peuple. Nous ferons tout ce qui sera en notre pouvoir pour le service de Votre Majesté, et nous la supplions de nous accorder sa protection. »

L'orgueilleux empereur, blessé dans sa vanité, ne répondit rien à ces paroles, et entra aussitôt dans la ville, pendant que les soldats visitaient les maisons abandonnées, pour se procurer des aliments (15 septembre 1812). Déjà, l'on se croyait maître des richesses de Moscou, lorsqu'un incendie se déclara dans le magasin des spiritueux. Il n'y avait là rien de bien extraordinaire; mais quand on vit le feu dévorer aussitôt après l'agglomération de bâtiments appelée le *Bazar* et située au nord-est du Kremlin, quand les tissus de l'Inde et de la Perse, les denrées de toute sorte furent perdus sans retour, on commença à trouver étranges ces deux accidents successifs.

Excité par le vent d'équinoxe, le feu se propagea vers l'ouest dans les rues comprises entre les routes de Tver et de Smolensk. Les constructions en bois, alors si nombreuses à Moscou, n'étaient pas faites pour mettre un terme à l'embrasement; aussi, les quartiers de l'ouest restèrent-ils debout très peu de temps. Des incendiaires pris sur le fait et menacés de mort avouèrent qu'ils agissaient de la sorte à l'instigation de Rostopchin. Plusieurs d'entre eux furent tués sur place, d'autres condamnés à être fusillés, par une commission militaire créée tout exprès pour les juger. Leurs cadavres exposés dans les rues ou attachés à des poteaux contribuèrent à augmenter l'horreur de la situation.

Dès que Napoléon connut la véritable cause de l'incendie, il donna à ses officiers l'ordre d'organiser les secours. Malheureusement, les pompes avaient été éloignées; puis le vent, se déplaçant sans cesse sous l'influence de l'équinoxe, portait les flammes de tous côtés. « Cette immense colonne de feu, rabattue par le vent sur le toit des édifices, les embrasait dès qu'elle les avait touchés, s'augmentait à chaque instant des conquêtes qu'elle avait faites, répandait avec la flamme d'affreux mugissements, interrompus par d'effroyables explosions, et lançait au loin des poutres brûlantes qui allaient semer le fléau où il n'était pas, ou tombaient comme des bombes au milieu des rues[1]. » Après avoir soufflé du nord-ouest pendant quelques heures, l'air commença à se mouvoir dans la direction du sud-ouest, et le Kremlin lui-même, rempli de poudre, d'étoupes, de caissons de munitions, fut exposé aux hasards de l'incendie.

A la hauteur des appartements occupés par Napoléon régnait un balcon, d'où l'empereur dominait la vieille cité et pouvait contempler la destruction d'une ville sur laquelle il avait fondé de si grandes espérances : « Moscou n'est plus, s'écria-t-il; je perds la récompense que j'avais promise à ma brave armée! » Cédant aux instances de ses généraux, incommodé par la chaleur que répandait l'embrasement et voyant qu'une pluie de feu tombait sur le Kremlin, il se décida à transporter son quartier général au château de Petrovskoé, sur la route de Saint-Pétersbourg. Il descendit sur le quai de la Moskova, et l'armée se replia sur les routes par lesquelles elle était venue, à l'exception toutefois de la garde, qui resta dans Moscou pour essayer de sauver le palais.

Jusqu'au 20 septembre, l'incendie exerça ses ravages avec une égale violence : les toits s'affaissaient, les façades s'écroulaient, les portes de fer des boutiques tombaient avec un bruit sourd. « On entendait à la fois, dit M. de Chambray, le pétillement des flammes, l'affaissement des bâtiments, les cris des animaux qui y avaient

_____

1. Thiers, *Hist. du Consulat et de l'Empire*, t. XIV. p. 581 et 382.

Fig. 4. — Incendie de Moscou (1812).

été abandonnés, les gémissements des habitants, les im-
précations du soldat ivre, disputant aux flammes une
partie de leur proie. Le pillage et l'incendie marchaient
de front; tous pillaient ou achetaient à vil prix les
produits du pillage, et l'intérêt réunit plus d'une fois
dans le même lieu l'habit brodé du général et l'humble
habit du soldat. Le jour, des tourbillons de fumée s'élevant
de toutes parts formaient un nuage épais qui obscurcissait
la lumière du soleil; la nuit, les flammes, mêlées à ces
tourbillons, répandaient au loin une sombre clarté.

« Le sort des habitants qui étaient restés dans Moscou
devint affreux; obligés de fuir leurs maisons embrasées,
ils erraient au milieu de cette ville, courbés sous le fardeau
de leurs objets les plus précieux, et cherchant un asile.
Dans cette situation déplorable, ils se voyaient exposés
aux violences du soldat qui, après les avoir outragés et
pillés, poussait quelquefois la barbarie jusqu'à les forcer
de porter eux-mêmes au camp leur propre dépouille. »
Napoléon avait en effet livré d'abord à ses soldats les
quartiers incendiés, mais il revint sur cette mesure,
lorsqu'il vit les recherches dégénérer en scènes de
désordre.

Enfin, la pluie succédant tout à coup à l'ouragan,
amortit, puis éteignit le feu qui n'avait épargné qu'un
cinquième de la ville (20 septembre). Le Kremlin, cerné
par les militaires et naturellement préservé par son
enceinte, resta intact. Quelques maisons des faubourgs
et le quartier des marchands étrangers échappèrent seuls
à la ruine; tout le reste de Moscou, moins les églises,
était couvert de cendres, de briques, de feuilles de tôle,
de débris fumants, de cadavres défigurés ou calcinés, et

au milieu de ces décombres se dressaient des pans de murailles, des arbres à demi consumés.

Pendant ce temps, les Russes entendaient au loin les mugissements du vent et voyaient les lueurs de l'incendie. Rostopchin faisait courir le bruit de ce désastre dans les rangs de l'armée ; il accusait ouvertement les Français et excitait ainsi l'indignation de nos adversaires.

L'incendie de Moscou, malgré les objections patriotiques qu'on peut alléguer en sa faveur, fut une mesure impolitique et inutile. L'armée française restant à Moscou aurait infailliblement péri faute de vivres, tandis qu'en brûlant la ville, on risquait d'obliger l'empereur à opérer une retraite heureuse avant l'entrée de l'hiver. Si Napoléon ne voulut pas mettre à profit le temps qui lui restait encore pour revenir tranquillement en France, s'il préféra temporiser et aboutir ainsi au terrible passage de la Bérésina, c'est qu'il voulait surtout conserver son prestige, et, comme dit Michelet, fonder la tradition qui nous perdit soixante ans plus tard.

XV

L'INCENDIE DU *PHÉNIX*

(1819)

Au mois de septembre 1819, le bateau à vapeur *le Phénix*, qui naviguait sur le lac Champlain, mit à la voile pour Saint-Jean, chargé de quarante passagers environ.

Vers une heure du matin, pendant que chacun dormait ou se reposait dans sa cabine, une lueur extraordinaire éclaira le pont du navire. Un matelot descendu dans la cambuse pour prendre son souper, y oublia une chandelle allumée, qui communiqua le feu à une planche. La cambuse entière ne tarda pas à s'enflammer.

Un marin, qui veillait auprès de la machine, s'approcha du foyer de l'incendie, mais il fut tout à coup entouré de flammes et n'eut que le temps de s'élancer sur le pont, où il donna l'alarme. Le capitaine du *Phénix*, alors malade, avait confié le commandement du bateau à son fils, âgé de vingt et un ans. Ce jeune homme s'empressa d'éveiller l'équipage, ordonna au pilote de se diriger vers l'île la plus voisine, et demanda aux matelots s'ils étaient disposés à affronter la mort, tandis que les passagers se sauveraient dans les canots : tous acceptèrent sans hésiter cette périlleuse mission et s'occupèrent de mettre à l'eau les embarcations. A cet instant, les flammes, traversant le pont, vinrent entourer de leurs replis mobiles le mât, la cheminée et le brave pilote, qui resta pourtant à son poste jusqu'à ce qu'il eût la figure et les mains grillées. En même temps, par suite de la chaleur intense qui régnait autour de la baignoire et qui doublait la force et la vitesse de la machine, le bateau fendit les flots avec une rapidité vertigineuse; il était sur le point de toucher terre, lorsque, le gouvernail venant à manquer, il fut repoussé par le vent loin du rivage et s'éloigna en tournoyant.

« Personne, nous dit Miss Wright qui visitait alors l'Amérique, n'osait approcher de la machine pour l'arrêter; mais elle ne tarda pas à s'arrêter d'elle-même et laissa le bateau à la merci des vagues. Avec des peines infinies, les passagers à demi nus, parvinrent à descendre dans les canots et reçurent les femmes et les enfants des mains du capitaine et des matelots; ceux-ci, bien que les flammes voltigeassent sur leurs têtes, repoussèrent toutes les sollicitations qu'on leur fit d'entrer dans les embarcations déjà trop chargées, et ils poussèrent au large le navire, que le feu continuait de dévorer. On s'aperçut alors qu'une jeune femme et un jeune homme de seize ans avaient été oubliés.

« Après les avoir tirés du milieu des flammes, on attacha le jeune homme à une planche, et un matelot, habile nageur, se jeta avec lui dans le lac. Le capitaine, tenant dans ses bras la pauvre femme, remplie d'une terreur frénétique, demeura sur le bord de son navire embrasé jusqu'à ce qu'il eût vu le dernier de ses hommes, muni d'une pièce de bois, sauter à l'eau. Alors, il jeta hors du bord une table qu'il avait réservée; puis, chargé de son fardeau, il s'élança au milieu des flots. La pauvre femme, dans l'excès de sa frayeur, le saisit fortement à la gorge au moment où il la plaçait sur la table. Forcé de se dégager de cette infortunée, elle fut écartée de lui par les vagues; il s'efforça de la suivre et la vit s'accrocher à un débris enflammé. Bientôt, elle poussa un dernier cri et disparut au milieu des flammes et des flots. »

Voyant qu'il ne pouvait plus sauver la malheureuse, il fit en nageant le tour du navire et ordonna à ceux de ses hommes qui se trouvaient encore là de s'accrocher à des pièces de bois et d'attendre; il espérait que, guidés par la lueur des flammes, les canots reviendraient au secours de l'équipage. Malheureusement la nuit se passa dans une vaine attente, et le lendemain matin, les matelots revenus pour essayer de sauver leur capitaine et leurs compagnons ne trouvèrent plus que la carcasse du *Phénix*. Cependant, ils distinguèrent au loin, sur le sommet d'une vague, un point noir qui grossissait à mesure qu'ils approchaient : « c'était une pièce de bois supportant un homme, et cet homme était le jeune capitaine, privé de sentiment, mais conservant encore un reste de vie. » Un autre marin fut également sauvé, mais sept de ces braves gens périrent.

Pendant quelques jours on put voir la carcasse à demi consumée du *Phénix* au milieu du lac, sur un récif où l'avait jeté la tempête.

XVI

L'INCENDIE DE LA CATHÉDRALE DE ROUEN

(1822)

Dans la soirée du samedi 14 septembre, le ciel était nuageux, le temps lourd, les éclairs fréquents. Pendant la nuit, le tonnerre gronda dans le lointain, et le matin, vers cinq heures, la foudre tomba sur le principal clocher de la cathédrale de Rouen. Après avoir frappé la pointe de la pyramide de Robert Becquet[1], elle la circonscrivit en spirale et s'enfonça dans la partie inférieure des colonnades (15 septembre 1822).

Presque aussitôt la base de l'aiguille s'enflamma. « La multitude des oiseaux qui avaient leur repaire dans ce clocher était si prodigieuse, que l'escalier de pierre qui conduisait à la flèche était dans sa partie la plus obscure encombré de leurs ossements et de ceux des animaux dont les buses, les émouchets, etc., avaient fait leur proie. La charpente était en plusieurs endroits tapissée d'aires

---

1. Cette pyramide, telle qu'elle existait alors, avait été construite en 1543. En 1804, elle inclinait à l'ouest et menaçait ruine, mais on s'empressa de la restaurer. Elle était haute de 396 pieds et l'on y montait par 500 marches.

et de nids ; les planchers et les enrayures regorgeaient de brindilles, de paille, de foin, de coton, de laine et d'autres matières accumulées par ces mêmes oiseaux[1]. »

Le vent souffle du nord-est et mugit avec violence ; le tocsin sonne ; les flammes sortent de la pyramide embrasée, et des ruisseaux de métal, provenant de la fusion des plombages, tombent avec fracas sur le sol.

A sept heures, la flèche, dans les deux tiers de sa hauteur, est précipitée sur le toit latéral de l'église, où elle reste suspendue un instant, puis sur une maison voisine dont elle écrase les étages supérieurs. Aussitôt, grâce au vent, l'incendie se propage dans une immense étendue : les galeries se déchirent ; les colonnes, les arcades, les voûtes, disparaissent sous les flammes ; les charpentes des combles brûlent ; les gargouilles vomissent toujours en cascade des torrents de métal ; enfin, le toit tout entier du chœur s'écroule avec le tiers du toit de la nef. Une gerbe incandescente jaillit du rond-point, dont le toit s'est aussi écroulé sur son centre, et l'on voit s'élever dans les airs une colonne de fumée de diverses couleurs.

A ce moment, les efforts des habitants et de la force armée parvinrent à maîtriser les progrès de l'embrasement, et l'on arracha à la fureur des flammes le corps mutilé de la cathédrale.

1. V. Langlois, *Notice sur l'incendie de la cathédrale de Rouen* (Rouen, 1822, in-8).

Fig. 5. — Incendie de la cathédrale de Rouen (1822).

XVII

L'INCENDIE DU *KENT*[1]

(1825)

« Le *Kent*, vaisseau de la Compagnie des Indes, capitaine Henri Cobb, beau bâtiment neuf de 1350 tonneaux, destiné pour le Bengale et la Chine, mit à la voile, des Dunes, le 19 février 1825.

« Poussé par un vent frais du nord-est, notre beau navire descendait majestueusement la Manche, et dépassait avec rapidité plus d'un point de la côte cher à nos souvenirs. Dans la soirée du 23, nous perdîmes de vue les rivages de l'Angleterre et nous entrâmes dans l'Atlantique, ne nous attendant point à revoir la terre avant d'arriver dans les parages de l'Inde.

« Malgré de légers intervalles de mauvais temps, nous continuâmes à faire route jusque dans la nuit du lundi 28, où nous nous trouvâmes subitement arrêtés par un coup de vent du sud-ouest, dont la violence augmenta pro-

---

1. Les extraits que l'on va lire sont empruntés à la brochure anglaise intitulée : *Récit de la perte du bâtiment de la Compagnie des Indes le Kent*, par un des officiers qui se trouvaient à bord. On attribue la traduction de ce remarquable récit à Mme la duchesse de Broglie, fille de madame de Staël. (Paris, 1826, in-12.)

gressivement pendant toute la matinée suivante. Nous étions alors par 47° 30′ de lat. et 10° de long. ouest de Greenwich.

« L'activité des officiers et de l'équipage du *Kent* paraissait s'accroître avec le danger. Nos grandes voiles furent promptement carguées ou mises au bas ris, et le 1ᵉʳ mars, à dix heures du matin, après avoir amené nos vergues de perroquet, nous étions à la cape sous le grand hunier seul, avec trois ris pris, nos fausses fenêtres de poupe fermées, et tous les soldats de quart amarrés à un cordage de sûreté que l'on avait tendu sur le pont.

« Le roulis, qui était fort augmenté par quelques centaines de tonneaux de boulets et de bombes qui formaient une partie de la cargaison, devint si violent vers midi, qu'à chaque secousse les chaînes de haubans plongeaient de plusieurs pieds dans la mer. Les meubles les mieux calés étaient culbutés avec tant de fracas, que personne ne pouvait se croire en sûreté dans sa chambre ni dans la salle commune.

« Ce fut vers ce moment qu'un des officiers, dans la louable intention de s'assurer si tout était en bon ordre à fond de cale, y descendit avec deux matelots munis d'une lampe de sûreté; et comme cette lampe brûlait mal, il eut la précaution de ne pas la raviver lui-même, crainte du feu, mais de l'envoyer sur la plate-forme des câbles pour en faire arranger la mèche. S'étant aperçu ensuite qu'une des barriques d'eau-de-vie était hors de sa place, il donna ordre aux matelots d'aller chercher des coins pour la caler; mais pendant leur absence le vaisseau ayant éprouvé une violente secousse, l'officier laissa malheureusement échapper sa lampe, et dans son empressement à la ramasser, il lâcha prise de la barrique qu'il tenait en respect. La barrique s'effondra, et l'eau-de-vie entrant en contact avec la mèche de la lampe, tout fut bientôt en flammes. »

Immédiatement, les officiers donnèrent des ordres à l'équipage pour essayer d'arrêter le mal à son début, et il était présumable qu'on se rendrait maître du feu, car l'incendie restait enfermé dans la cale au vin, laquelle était entourée de tout côté par des barriques d'eau; mais tout à coup, à la flamme bleue de l'eau-de-vie succédèrent des tourbillons d'une épaisse fumée noire, qui gagnèrent promptement les câbles. Le capitaine Cobb donna l'ordre de pratiquer des voies d'eau dans le premier et le second pont, de déblayer les écoutilles et d'ouvrir les sabords de la batterie inférieure. La grande quantité d'eau qui entra dans la cale arrêta un instant la fureur des flammes; seulement, le danger d'un naufrage vint s'ajouter à celui d'une explosion.

« Alors commença une scène d'horreur qui passe toute description. Le pont supérieur était couvert de six à sept cents créatures humaines dont plusieurs, que le mal dè mer avaient retenues dans leur lit, s'étaient vues forcées de s'enfuir sans vêtements, et couraient çà et là cherchant un père, un mari, des enfants. Les uns attendaient leur sort avec une résignation silencieuse ou une insensibilité stupide, d'autres se livraient à toute la frénésie du désespoir. Plusieurs imploraient à genoux, avec cris et avec larmes, la miséricorde du Tout-Puissant, dont le bras, disaient-ils, s'était enfin levé pour les punir. Les catholiques répétaient à la hâte le signe de la croix, ou accomplissaient d'autres actes extérieurs de dévotión exigés de leur croyance, tandis que quelques-uns des soldats et des marins les plus vieux et les plus fermes de cœur allaient d'un air sombre se placer directement au-dessus du magasin à poudre, afin, disaient-ils, que l'explosion qu'on attendait d'un instant à l'autre, terminât plus promptement leurs souffrances.

« Tandis que nous étions ainsi dans un état d'inertie physique, mais de douloureuse agitation morale; tandis que les vagues se précipitaient avec fureur contre les flancs de notre malheureux navire, comme si l'Océan eût été jaloux de ce qu'un élément rival lui disputait sa proie, un de ces nombreux coups de mer qui brisaient et jetaient çà et là tout ce que renfermait le bâtiment, arracha tout à coup l'habitacle de ses amarres, et mit en pièces l'appareil de la boussole. Alors, un des jeunes contre-maîtres, après un instant de morne silence, s'écria avec l'émotion la plus naturelle à un marin en pareille circonstance :

« — Quoi! il est donc vrai que le *Kent* n'a plus de boussole! »

« Et il laissa les spectateurs tirer eux-mêmes la conclusion d'un tel présage. Un officier s'étant procuré du papier, écrivit à son père quelques lignes qu'il enferma soigneusement dans une bouteille, espérant que peut-être elles parviendraient à leur adresse. Dans le moment même, il vint à l'esprit de M. Thomson, l'un des seconds, de faire monter un homme au petit mât de hune, souhaitant, plus qu'il ne l'espérait, que l'on pût découvrir quelque vaisseau secourable sur la surface de l'Océan. Le matelot arrivé à son poste parcourut des yeux tout l'horizon. Ce fut pour nous un moment d'angoisse inexprimable. Puis, tout à coup, agitant son chapeau, il s'écria : « Une voile sous le vent! » Cette heureuse nouvelle fut reçue avec un profond sentiment de reconnaissance,

Fig. 6. — Incendie du *Kent* (1825).

et l'on y répondit par trois cris de joie. Nous hissâmes à l'instant nos pavillons de détresse, nous tirâmes le canon de minute en minute, et nous nous efforçâmes d'arriver sur le bâtiment qui était en vue, sous la misaine et les trois huniers. Ce bâtiment, comme nous l'apprîmes plus tard, se trouva être la *Cambria*, capitaine Cook, petit brick de 200 tonneaux, destiné pour la Vera-Cruz, et ayant à bord vingt à trente mineurs de Cornouailles, et d'autres employés de la Compagnie anglo-mexicaine. »

Après quelques minutes d'une douloureuse incertitude, le brick hissa son pavillon et mit toutes voiles dehors pour venir au secours du bâtiment en détresse. Alors, le capitaine Cobb prit ses mesures pour faire placer dans le grand canot les enfants et les femmes ; puis la frêle embarcation fut mise à la mer avec des peines inouïes, et, malgré la fureur des vagues, accosta « l'arche de refuge » au bout de vingt minutes environ. Ce premier voyage ayant réussi, on mit à l'eau d'autres embarcations, et par bonheur, aucune femme ne périt dans cette affreuse lutte de l'homme contre l'Océan.

« Le jour tirait à sa fin, et les flammes allaient toujours croissant. Le colonel Fearon et le capitaine Cobb se montraient de plus en plus empressés à sauver le reste des braves gens qui leur étaient confiés. Pour leur offrir un moyen plus facile de quitter le vaisseau, on fit suspendre à l'extrémité du gui de brigantine un cordage, le long duquel les hommes devaient se laisser glisser dans les canots. Mais en faisant cette manœuvre, on courait grand risque d'être balancé en l'air pendant quelque temps, et d'être ensuite ou plongé dans l'eau à plusieurs reprises, ou brisé contre le plat-bord des canots ; car la violence des lames et le tangage du bâtiment rendaient impossible aux embarcations de se maintenir en place.

Aussi plusieurs de ceux qui n'étaient pas du métier préféraient-ils sauter à la mer par les fenêtres de poupe, et tenter l'entreprise plus chanceuse de gagner les canots à la nage. On construisit des radeaux avec des planches, des cages à poulets, et tous les matériaux que l'on put employer, pour avoir un dernier refuge si les flammes nous obligeaient à abandonner tout à fait le bâtiment; et en même temps chaque homme eut ordre de se mettre une corde autour du corps, afin de pouvoir s'amarrer aux radeaux, si l'on était contraint d'y avoir recours. Au milieu de tous ces préparatifs, je fus frappé, je dirais presque diverti, de la délicatesse naïve d'une recrue irlandaise, qui, cherchant un bout de cordage dans l'une des chambres, me cria qu'elle n'en trouvait pas d'autre que celui qui servait à attacher le hamac d'un officier, et qu'elle n'osait se l'approprier sans ma permission.

« Les officiers commencèrent alors à quitter le bâtiment, et leur départ fut marqué par la discipline la plus rigide, comme par la plus grande intrépidité. Personne ne fit parade de cette vaine bravoure qui, en pareille circonstance est plutôt un indice de timidité secrète que de véritable force d'âme. Nul ne trahit, par son impatience à gagner les canots, des sentiments indignes d'un soldat; tous au contraire, se comportèrent en hommes qui, sans contempler la mort avec une insouciance profane, conservent en présence du danger la pleine disposition de leurs facultés.

« Nous étions environnés depuis quelque temps des ombres de la nuit, lorsque je descendis dans la grande chambre pour y chercher une couverture, afin de me garantir du froid qui devenait très intense. Cette salle

qui peu d'heures auparavant avait été le théâtre d'une
conversation amicale et d'une douce gaieté, était presque
déserte : on n'y voyait que quelques misérables dont les
uns étaient étendus sur le plancher dans un état d'ivresse
brutale, tandis que les autres rôdaient comme des bêtes
de proie en quête de pillage. Les sofas, les commodes,
les meubles les plus élégants étaient brisés en mille
morceaux épars. Je retournai sur la dunette, où je re-
trouvai, parmi le petit nombre d'officiers qui restaient à
bord, le capitaine Cobb, le colonel Fearon, et les lieu-
tenants Nuxton, Booth et Évans, qui dirigeaient avec un
zèle infatigable le départ de nos malheureux camarades,
dont le nombre commençait à diminuer rapidement. »

A la fin, voyant que la vie d'aucun passager ne serait compro-
mise, les officiers songèrent à faire leur retraite. Quelques-uns
d'entre eux, au prix d'efforts incroyables, parvinrent à se traîner le long du gui de brigantine, saisirent la corde suspendue
à l'extrémité de ce gui, et se laissèrent glisser dans un canot
ballotté par les vagues. Mais alors un certain nombre de passagers ne purent se résoudre à employer un moyen aussi péril-
leux; les flammes les obligèrent à se réfugier sur les porte-
haubans, où ils restèrent jusqu'au moment où les mâts s'écrou-
lèrent par-dessus bord; ensuite, ils se tinrent accrochés aux
mâts pendant quelques heures, et ils auraient infailliblement
péri, s'ils n'avaient été aperçus et sauvés miraculeusement
par la *Caroline*, vaisseau allant d'Égypte à Liverpool, et dont
le commandant, apercevant l'explosion à une très grande
distance, fit à l'instant force de voiles dans la direction du vaisseau incendié.

XVIII

L'INCENDIE DE SALINS

(1825)

Salins, petite ville située à 100 lieues de Paris, était en 1825 habitée par une population de neuf mille âmes, et faisait un commerce assez important de sel, de vin et d'eau-de-vie.

Le 27 juillet, le feu s'y déclara dans la maison de M. Motet, docteur-médecin, et dévora en un instant un grenier couvert de tavaillons. Le vent soufflait ce jour-là avec une violence extrême; il entraîna des flammèches sur des toitures faites de la même manière et la ville tout entière brûla. C'est en vain que le fort Saint-André tire le canon d'alarme; c'est en vain que des courriers, envoyés dans tous les sens, reviennent avec des secours : tous les efforts se brisent contre le manque d'eau et la violence constante du vent; car, pour comble de malheur, la *Furieuse*, petite rivière qui arrose Salins, est en ce moment à sec. Aussi, d'un bout à l'autre de la ville, tout est-il en feu. « Depuis le faubourg Saint-Maurice, situé au midi, jusqu'à la Porte Haute, au nord, tout fut entièrement brûlé. Les murs, qui étaient peu épais et en plâtre, s'étaient écroulés ; le vallon où était située cette partie de la ville n'offrait que des monceaux de décombres fumants, d'où s'élevaient de distance en distance quelques pans de murs restés debout, mais prêts à s'écrouler à leur tour[1]. »

Au moment où commença le désastre, on s'était vu dans l'obligation d'élargir les prisonniers pour qu'ils ne mourussent pas dans les flammes.

Après l'incendie, les habitants de Salins n'eurent plus de vivres et durent se priver de nourriture jusqu'à ce qu'on leur en envoyât de Besançon. « Il y a six cent soixante familles, écrivait un témoin oculaire, ruinées au point de ne pas avoir une chemise. Nous avons été cernés par le feu sans qu'on pût nous amener une pompe... Trois quarts d'heure ont suffi pour embraser quatre cents maisons[2]. »

Une jeune fille qui s'était dévouée pour sauver sa mère fut emprisonnée dans une cave par suite de l'écroulement des murs, qui tombèrent de manière à fermer toutes les issues : on la retrouva cinq jours après ; elle avait vécu de pain suspendu par hasard à la voûte de la cave. A côté de cet exemple de dévouement, il est bon de mentionner un trait de probité bien remarquable : un notaire, ne pouvant sauver à la fois et son argent et une somme de 15 000 francs qui lui avait été confiée,

1. E. de Saint-Hilaire, *Incendie de Salins*, p. 14.
2. Voici quelques détails statistiques. Le nombre des maisons brûlées fut de 327 (valeur immobilière, 2 880 500 fr. ; valeur mobilière, 4 192 425 fr.). Le montant des assurances à déduire s'élevant à 356 540 fr., la perte réelle fut de 6 716 385 fr.

sacrifia généreusement son propre bien et sauva les
15 000 francs.

Une si belle conduite ne fut malheureusement pas générale, car il se trouva à Salins des hommes assez lâches
pour voler pendant l'incendie.

XIX

L'INCENDIE DES CHAMBRES DU PARLEMENT ANGLAIS

(1834)

Le 16 octobre 1834, entre six et sept heures du soir, une clarté extraordinaire illumina le ciel au-dessus de Westminster. Les cris « au feu » retentirent dans les quartiers sud-ouest de Londres ; une fumée rouge, épaisse, suffocante, sortit tout à coup des fenêtres de la façade de la Chambre des lords. Les employés de l'Échiquier avaient été chargés de brûler de vieux documents, devenus inutiles, dans un bâtiment contigu à la Chambre : quelques instants après, par suite de leur imprudence, toute la salle était en flammes.

Avant l'arrivée des premiers secours, la magnifique pièce où les lords tenaient leurs séances avait cessé d'exister : l'ameublement, les tapisseries, le trône de velours cramoisi, le *sac de laine*[1], les bancs des archevêques, des ducs, des marquis, etc., ne formaient plus

---

1. On donne le nom de *sac de laine* au siège rembourré de laine, sans bras ni dossier, où s'assied le président de la Chambre des lords.

qu'un amas de ruines, et la toiture de la Bibliothèque[1] s'écroulait avec un grand bruit.

En même temps, une traînée de flammes s'étendit du côté de la Chambre des communes, et bien que l'édifice fût en cet endroit baigné par la Tamise, il brûla aussi avec toutes ses dépendances. L'incendie dévora ensuite la résidence du président, et ce ne fut qu'au moment où Westminster-Hall allait être anéanti à son tour que l'on put enfin se rendre maître du feu.

La Chambre des communes était primitivement une chapelle que le roi Étienne avait fait construire en honneur de son patron. Cette chapelle, rebâtie par Édouard III, fut transformée sous Édouard VI en Chambre des communes. Lorsque les flammes eurent dévoré les lambris, on fut tout étonné de voir les murs recouverts de moulures, de ciselures et de sculptures du plus haut prix.

Le lendemain, on lisait dans le journal le *Sun* : « La destruction totale des deux chambres du Parlement, qui a eu lieu hier soir, va commencer une ère nouvelle dans l'histoire d'Angleterre. L'histoire s'arrêtera dans sa narration pour donner des regrets à ces gloires, dont les ruines qui fument aujourd'hui furent si longtemps les moins. Elle rappellera les triomphes qu'obtint la liberté dans cette enceinte. »

C'est là en effet qu'avait été rédigée pour la protection du peuple la Grande Charte de la liberté anglaise ; c'est là qu'Hampden avait bravé la royauté ; c'est là enfin que le bill des droits avait été donné par Guillaume III.

---

1. Par un heureux hasard, les volumes avaient été transportés dans une autre salle, la Bibliothèque ayant eu besoin de réparations.

XX

L'INCENDIE DE LA CATHÉDRALE DE CHARTRES

(1836)

Plusieurs incendies ont failli ruiner la cathédrale de Chartres. Brûlée au dixième siècle, pendant la guerre survenue entre Richard, duc de Normandie, et Thibault le Tricheur, comte de Chartres, incendiée par la foudre en 1020 et en 1506, elle devint encore la proie des flammes en 1674 et en 1836. Le dernier incendie, dont on va lire le récit fut assurément le plus terrible.

Dès six heures du soir, le 4 juin 1836, les cris : « Au feu! Au feu! » se firent entendre à Chartres, et l'on vit s'échapper de la couverture de la cathédrale les premiers jets de fumée. En moins de dix minutes, le comble tout entier fut envahi par les flammes et la surface entière de l'édifice présenta l'aspect d'une « *éruption volcanique* ».

Voici comment M. Lejeune raconte l'origine de ce désastre. « Dans la matinée de ce jour néfaste, des plom-

1. V. Lejeune, *Historique de la cathédrale de Chartres*, premier appendice (Chartres, 1839, in-12). — Bulteau, *Description de la cathédrale de Chartres*, et les *Annuaires d'Eure-et-Loir* de 1844 et de 1845.

biers occupés à réparer les avaries causées par la violence du vent à la toiture de la cathédrale avaient fait quelques soudures à la noue nord-ouest du transept ou bras de la croisée joignant l'abside au grand comble de la nef. Cette opération avait nécessité la présence d'un réchaud rempli de charbon allumé et déposé sur les dalles de pierre de la galerie supérieure (large d'un mètre), au pied de cette noue... Les nappes de plomb qui recouvraient extérieurement la charpente en dépassaient de quelques pouces la base, à deux pieds au-dessus de la galerie. Le vide qu'offrait, dans le pourtour de la couverture, cette lèvre béante formée par le prolongement des plombs, livrait en contre-bas un passage continuel au vent qui, pénétrant dans l'intérieur par cette issue, était par son activité, toujours grande à une telle élévation, susceptible d'entraîner à son passage des étincelles.... A deux heures, ces ouvriers, qui n'avaient remarqué ni même soupçonné rien d'extraordinaire dans le voisinage de leur réchaud, étaient descendus avec sécurité pour prendre leur repas. De retour sur la galerie, vers trois heures et demie, ils y font les préparatifs pour continuer leur travail, rallument leur charbon, chauffent leurs soudoirs. Vers quatre heures et demie, l'un des plombiers, suspendu à une corde nouée à 35 ou 40 pieds d'élévation, jette à son manœuvre le cordeau destiné à monter le fer chaud; il s'aperçoit que ce cordeau manquait de longueur pour atteindre jusqu'à la galerie, et il donne au manœuvre l'ordre d'aller dans l'intérieur de la charpente détacher un autre cordeau attaché à l'une des aiguilles qui soutenaient le faîtage. Ce fut en revenant du point où il s'était porté que le manœuvre, traversant cette multitude de pièces de la charpente et passant sous la noue, se trouva tout à coup arrêté par un point lumineux fixé dans une cavité du dallage des murs du grand comble : il s'approche, il examine attentivement, et reconnaît que le feu attaque sur ce point la base de la pièce inclinée. »

En effet, le vent, très violent ce jour-là, avait entraîné une flammèche sous les rebords béants de la couverture. Le plombier, averti par son manœuvre, accourt et descend dans le comble, va chercher ensuite le sonneur André et revient avec un maçon qui travaillait au rez-de-chaussée, mais, malgré ses efforts, la flamme s'élève bientôt à une hauteur de vingt pieds. Un de nos plus beaux monuments d'architecture gothique, un des plus anciens de la chrétienté, menaçait d'être anéanti.

M. Gabriel Delessert, préfet d'Eure-et-Loir, parut le premier sur la galerie, entouré de quelques braves citoyens. Le plombier Favret se porta vers le point le plus ardent de la partie embrasée : il reconnut que toute tentative d'extinction était inutile, et le préfet se contenta de faire pratiquer à coups de hache dans le flanc de la toiture des ouvertures destinées à rendre accessible l'intérieur de la charpente. Mais à ce moment le feu attaquait le faîtage dans toute sa longueur; le plomb ruisselait déjà sur la galerie. Les assistants crient à M. Delessert de descendre : « Messieurs, répond-il, j'étais ici le premier, c'était mon devoir; je n'en dois sortir que le dernier, c'est encore mon devoir; passez tous devant moi, je fermerai la marche. » Et il s'obstine à rester jusqu'au bout face à face avec le danger. En bas, la foule terrifiée admire le vaillant homme qui brave ainsi les ruisseaux de plomb fondu et risque sa vie dans l'intérêt de ses administrés.

Pendant ce temps, le clocher neuf et la charpente entière s'enflamment. De toutes les localités environnantes des secours arrivent et l'on essaye de sauver ce qu'il y a de plus précieux dans la cathédrale : les reliques, les ornements, les tableaux, la Vierge[1]. A ce moment, une véritable pluie de feu tombe sur la ville. Par bonheur, une seule maison se trouve atteinte et l'on se hâte d'isoler les habitations voisines de la cathédrale. Enfin, à trois heures du matin, la charpente du vieux clocher s'affaisse et marque la fin de ce terrible incendie.

Le gouvernement donna à dix citoyens de Chartres des médailles commémoratives en argent dont la face portait l'effigie de Louis-Philippe; sur le revers, on avait gravé la Force et l'Humanité soutenant une couronne, au-dessous de laquelle il était fait mention de la catastrophe. Une autre médaille, votée par le conseil municipal à M. Delessert, fut faite avec le métal des cloches fondues par l'incendie.

Pour qu'on ait une idée précise de l'importance des pertes, nous citerons quelques lignes de la lettre que M. Chasles, maire de Chartres, adressait deux jours après au *Journal des Débats :*

« Vos lecteurs apprendront sans doute avec une grande satisfaction que ce désastre était bien moins considérable qu'on ne l'avait d'abord annoncé. La magnifique cathédrale de Chartres, l'un des plus beaux monuments go-

---

1. La statue de la *Vierge noire*, œuvre du seizième siècle, est faite en bois de poirier.

thiques de l'Europe, ne sera point détruite : nos deux

Fig. 7. — Médaille commémorative de l'incendie
de la cathédrale de Chartres.

belles tours sont sauvées ; ni les vitraux peints[1], ni les

1. La cathédrale de Chartres est remarquable par la valeur de ses vitraux du treizième siècle. Elle possède, en verres du temps de

admirables arabesques du tour du chœur, ni les innom-
brables sculptures qui décorent ce beau monument n'ont
été endommagés. La couverture en plomb, la *forêt de
châtaigniers* qui la supporte, la charpente des deux
clochers et les cloches ont été détruites. Mais ce désastre
est réparable à prix d'argent. Tout ce dont la perte eût
été à jamais regrettable est sauvé. »

saint Louis, 115 grandes lancettes, 3 grandes roses, 23 roses
moyennes et 6 petites roses, renfermant plus de 4000 figures peintes.

XXI

L'incendie de 1841 ne dévora pas complètement l'ensemble des bâtiments que l'on désigne sous le nom de Tour de Londres, mais seulement le grand magasin et la petite salle des armures, qui contenaient environ deux cent mille fusils. Cette catastrophe fut une véritable calamité nationale : non seulement un des monuments les plus chers au souvenir de la nation anglaise devenait la proie du feu, mais encore et surtout les flammes détruisaient les glorieux trophées dont les murs de la Tour étaient ornés.

Le feu commença dans la *salle d'inspection*, située au-dessous de cette fameuse *chambre à la table*, où le duc de Clarence, suivant une tradition contestée, se serait faît noyer dans un tonneau de malvoisie. Le 30 octobre 1841, à dix heures et demie du soir, un individu passant sur le *Tower Hill* aperçut une lueur extraordinaire sous la coupole de la Tour Ronde. Il avertit un factionnaire de service sur la terrasse près du bureau des bijoux, et celui-ci tira un coup de fusil pour donner l'alarme. A ce signal, toute la garnison fut sur pied ;

cinq cents hommes se préparèrent à porter les premiers secours, et l'on mit en réquisition toutes les
pompes des places environnantes. Malheureusement, les
efforts devenaient inutiles par suite de la quantité de
combustibles qui alimentaient les flammes, et aussi
parce que la rivière était presque à sec[1].

Un de nos compatriotes, de passage à Londres, décrit
ainsi l'aspect de l'édifice au commencement de l'incendie : « La Tour Blanche et sa masse quadrangulaire,
la partie la plus ancienne de l'édifice, fondé par Guillaume le Conquérant, se dressait, sombre et sauvage,
entre le fleuve et l'horizon embrasé. Ses fenêtres, ses
barreaux, se teignaient de reflets fauves et sanglants,
tandis qu'au-dessus d'elle de gigantesques flammes s'élançaient tortueuses, furieuses, rapides comme des dards.
Sur les eaux tour à tour pourpres, jaunes et noires, glissaient des barques chargées de spectateurs pâles et silencieux ; les murmures éloignés, les clameurs se renforçaient, s'affaiblissaient, s'éteignaient dans la nuit,
suivant les alternatives d'effroi, de crainte ou d'espérance. Par instants, l'incendie jetait au ciel une seule
flamme, le peuple un seul cri : cette flamme couvrait
toute la ville, ce cri remplissait tout l'espace[2]. »

Le major Erlington, chargé de la surveillance du monument en l'absence du colonel Gardvood, déploya une
remarquable activité dans l'organisation des secours,
mais le jet des pompes ne put atteindre à la hauteur de
la Tour Ronde, qui à onze heures n'offrit plus qu'une
masse embrasée.

1. C. Berthaut, *la Tour de Londres*, p. 2 à 6.
2. *Magasin Pittoresque*, t. X, p. 115 et sqq.

Fig. 8. — Incendie de la Tour de Londres (1841).

A ce moment, la salle des armures prenait feu, et la Tour de l'Horloge était menacée. La foule curieuse arrivait des quatre coins de Londres, envahissant les avenues, assiégeant les entrées, empêchant la circulation. Selon le *Morning Herald*, la chaleur était telle que les assistants furent obligés de mettre leurs mains devant leur figure pour se garantir de l'ardeur du feu. Plusieurs pompes, placées à une certaine distance, furent détériorées et presque brûlées.

« On concentra tous les efforts et tous les secours du côté de la Tour Blanche et de l'église Saint-Pierre. Le major Erlington, voyant les flammes prendre la direction de la Tour des diamants de la couronne, ordonna d'en briser les portes. Les clefs étaient chez le lord chambellan. Il fallut vingt minutes pour pénétrer de force dans la tour, d'où l'on vit bientôt les gardiens sortir chargés de sceptres, de diadèmes, d'ornements de toute espèce; parmi ces insignes étaient la couronne de saint Édouard, faite pour le couronnement de Charles II, la couronne d'État, que le roi (ou la reine) porte au parlement; le diadème d'or de la reine; les diverses autres couronnes portées dans les cérémonies; l'ampoule, l'aigle d'or, le glaive de la miséricorde. Le major Erlington fit immédiatement déposer ces objets précieux dans des caveaux à l'épreuve du feu. »

Enfin, la Tour de l'Horloge s'écroula avec un fracas épouvantable, et ce fut seulement vers cinq heures du matin que tout danger cessa. On avait jeté dans la Tamise les barils de poudre déposés sous la Tour Blanche, dont la chaleur avait fait fondre le toit plombé. Les pertes s'élevaient à trente millions de francs.

Parmi les trophées et les objets curieux qui furent détruits, il convient de citer : la hache avec laquelle Anne de Boleyn fut décapitée, — le bâton creux que portait Henri VIII dans ses tournées nocturnes, et qui contenait trois pistolets, — l'épée et le ceinturon du duc d'York, — le canon pris à Malte par les Français en 1798 et repris ensuite par le capitaine Foot, — les armes saisies sur William Perkins, — le canon de bois dont le duc de Suffolk se serait servi au siège de Boulogne pour intimider les habitants, — les trophées de la victoire remportée par les vaisseaux d'Elisabeth sur l'*Invincible Armada*.

Rappelons, en terminant le récit de cet incendie, que ce furent les cachots de la Tour de Londres qui servirent de prison au roi Jean, après la bataille de Poitiers.

XXII

L'INCENDIE DE HAMBOURG

(1842)

Peu d'incendies furent aussi terribles que celui qui éclata à Hambourg, dans le Deich-Strasse (rue de la Digue), le 5 mai 1842. Poussé par le vent d'ouest, favorisé par une longue sécheresse qui avait mis les canaux presque à sec, alimenté par la grande quantité de marchandises inflammables accumulées dans ce quartier, le feu s'étendit de maison en maison vers le Steinwicte et le Rœdings-Marckt. Dans l'après-midi, il acquit une telle intensité qu'il fallut demander des secours aux villes voisines (Altona, Brême, Lubeck). Un brandon tomba sur le clocher de l'église Saint-Nicolas, qui brûla et s'affaissa sur l'église elle-même, dont on eut bientôt à déplorer la perte. On raconte que la chaleur fit fondre entièrement la toiture de plomb de la tour Saint-Nicolas : une pluie bouillante tomba sur les pompiers occupés au pied de l'édifice, et la charpente, entraînant les murs dans sa chute, écrasa cinquante personnes. Toute la rue qui longe le marché aux Houblons devint en quelques instants la proie du feu, et l'on commença à faire sauter les maisons au moyen de mines pratiquées dans les souterrains. Des milliers d'individus couraient par les rues portant leur lit sur leurs épaules, les mères transportaient leurs enfants dans des berceaux, chacun travaillait à sauver quelques débris de sa fortune engloutie.

« Tout devait servir d'aliment à ce terrible élément, même l'eau des canaux, où surnageaient de l'huile, des spiritueux, etc. A la triste perspective de voir l'incendie s'étendre pendant la nuit se joignaient l'épuisement et le découragement de beaucoup de gens occupés aux pompes, qui n'avaient pris encore aucun repos et venaient de perdre bon nombre de leurs camarades écrasés par des poutres. Les gardes bourgeoises, employées au barrage des rues et au maintien de l'ordre, pouvaient à peine résister... Cependant, le vent s'étant calmé et ayant passé au sud, on conçut quelque espoir[1]. »

Malheureusement, l'incendie reprit de plus belle, le lendemain matin (6 mai), dans la direction de la vieille ville. Déjà, de ce côté, les environs de la nouvelle Bourse, et notamment la vieille Wallstrasse, étaient environnés de flammes. En même temps, la vieille Bourse, l'Hôtel de ville, le Bohnenstrass, le Johannis-strass, brûlaient. Le 6 mai au soir, la partie la plus industrieuse de Hambourg n'existait plus, et la mine ne suffisant pas, on démolissait les maisons à coups de boulets. Le nouveau Jungfernstieg lui-même, si éloigné du lieu où avait commencé l'incendie, ne fut pas épargné.

Ce fut seulement le 8 au soir qu'une pluie battante mit fin à cet affreux désastre, qui avait coûté la vie à tant

1. Trad. du *Mercure d'Altona*, numéro du 6 mai 1842.

de citoyens[1]. L'Europe entière vint au secours de la ville ruinée, et à voir le courage, l'activité incroyable des incendiés, on aurait cru qu'ils se rappelaient les vers prophétiques prononcés par Max de Schenkendorf, lors de la guerre de l'Indépendance :

« O Hambourg, que les flammes te dévorent ! Riche et beau comme le phénix, tu vas ressusciter de tes cendres pour ta plus grande gloire ! »

1. Voici quelques détails statistiques sur les pertes causées par cet incendie. Le feu détruisit : 2 000 000 de livres de café, 5 000 000 de livres de sucre, 1550 balles de coton, 800 sacs de riz, 600 000 livres d'huile, 1000 barils de blé, 2000 tonneaux de froment, 8000 fûts, 800 barils de spiritueux, 3 000 000 de livres de tabac, 30 000 pièces de drap.

XXIII

« En 1841, le Haut et le Bas-Canada, séparés politiquement depuis 1791, ayant été réunis sous un seul gouvernement et une même législature, Montréal devint la véritable capitale de toute la colonie. » Pour amoindrir l'influence de la population française, on réduisit alors de 88 à 42 le nombre des députés du Bas-Canada, et l'on obligea les habitants de cette province à supporter la moitié de la dette de l'autre. « Le loyalisme canadien s'était brisé une première fois contre l'injustice britannique en 1837. L'administration de lord Durham et de sir Charles Metcalf n'apaisa point les ressentiments de la population française. Dans l'espoir de la calmer, le parlement de Montréal vota, en 1849, une indemnité pour les victimes de la rébellion précédente[1]. »

Le Haut-Canada, où dominait presque exclusivement l'élément anglais, voyant qu'on allait indemniser de

---

1. Brasseur de Bourbourg, *Histoire du Canada*, 2 vol. in-8, Paris, 1852.

leurs pertes les victimes de l'insurrection, accusa le gouvernement de soutenir ouvertement le Bas-Canada, habité principalement par des Français. A Londres, lord Russel fut interpellé au sujet de ce bill, et à Montréal les partisans de la ligue britannique, réunis pour blâmer la décision du parlement, déclarèrent qu'ils emploieraient tous les moyens constitutionnels en leur pouvoir pour obtenir le redressement de leurs griefs.

Malgré ces symptômes inquiétants, lord Elgin, alors gouverneur général du Canada, ratifia le bill d'indemnité voté par le parlement canadien (25 avril). Cette mesure prise, une révolte ouverte éclata : la fureur de la populace fut portée à son comble, des attroupements se formèrent dans les rues, le désordre devint général, et dans les provinces régna bientôt une grande agitation.

Lord Elgin fut gravement insulté. Une petite troupe d'individus, composée de personnes respectables, poursuivit sa voiture à coups de projectiles, et on lança sur le gouverneur des pierres et des œufs pourris. Puis, les chefs des mécontents convoquèrent le peuple à un meeting au Champ de Mars, le soir à la lueur des torches. Des discours violents furent prononcés, et les rebelles, désireux d'exécuter, sous l'excitation du moment, un plan prémédité, se précipitèrent en foule vers l'Hôtel du Parlement, dont ils brisèrent les fenêtres à coups de pierres. Les représentants étaient en séance : trouvant les issues interceptées, ils se retirent effrayés dans les pièces voisines, espérant que la force armée va venir les délivrer. Une centaine d'individus armés entrent dans la salle; ils brisent les fauteuils et les pupitres, pendant que le chef de la bande, assis sur le siège présidentiel, se couvre et prononce ces paroles : « Messieurs, le parlement français est dissous. Qu'il aille au diable! » Un autre prend la masse, la met sur son épaule et sort. Le reste chasse les représentants, sans leur faire le moindre mal cependant[1], et met le feu à l'édifice : tout l'hôtel brûle, et avec lui les archives de la province, les deux bibliothèques, et les 1600 volumes sur l'Amérique amassés à grand'peine par M. Faribault.

Après l'incendie, la foule se dispersa. Aucune résistance ne fut opposée à la force armée[2], accourue pour rétablir l'ordre et aider à éteindre le feu. Néanmoins, pendant les jours suivants, une vive agitation régna dans les rues, et les émeutiers, encouragés par la *Gazette de Montréal* et le *Courrier du matin*, saccagèrent ou incendièrent quelques maisons particulières[3].

Le 8 mai les scènes de désordre cessèrent complètement; elles reprirent trois jours plus tard, et la maison où dînaient lord Elgin et ses ministres fut assiégée à coups de pierres. Sir Allan Mac-Nab, chef de l'opposition tory au parlement canadien, se chargea de porter lui-même à la reine une adresse sollicitant le rappel de lord Elgin.

On répondit à la demande des mécontents en transportant à Toronto le siège du gouvernement.

1. Voir *Letters and journal of James, eigth earl of Elgin* (London, 1872, in-8), p. 82 et sqq.

2. Selon plusieurs historiens, la police et les pompiers refusèrent de faire leur devoir.

3. Voir *Le Canada sous l'Union*, par L. P. Turcotte (Québec, 1871-72, in-12).

XXIV

INCENDIE DE GLARIS

(1861)

Glaris, ville de quatre mille habitants, est située sur la Linth, à cent trente kilomètres de Berne. Elle est entourée de montagnes et le soleil ne s'y montre guère que quatre heures par jour.

En revanche, lorsque le *Foehn*[1] souffle avec sa violence habituelle, le chef-lieu du canton de Glaris est un séjour peu enviable. Une ordonnance de police ordonne aux habitants de ne pas faire de feu chez eux, chaque fois que règne le vent du sud.

En 1861, comme aujourd'hui, la principale industrie de Glaris était la fabrication des mouchoirs imprimés, pour le Levant, l'Italie et l'Allemagne. Depuis longtemps, rien n'avait troublé la tranquillité de la ville, lorsque

---

1. Vent du sud-ouest très violent, chaud, généralement sec, qui souffle dans les Alpes et semble être le même que le Simoun d'Afrique. C'est grâce à lui que fondent ou s'évaporent les neiges de la montagne, et les pâtres ont l'habitude de dire : « Le bon Dieu et le soleil doré ne peuvent rien contre la neige, si le Foehn ne leur vient en aide. »

le 10 mai, vers onze heures du soir, un incendie se déclara à l'*Hôtel de l'aigle*, au centre de Glaris.

Le terrible *Foehn* aidant, des brandons furent poussés dans toutes les directions et réduisirent en cendres les deux tiers des maisons, n'épargnant ni la poste, ni les écoles, ni l'Hôtel de ville, ni la belle église du moyen âge dont les voûtes avaient retenti pendant dix ans de la voix du réformateur Zwingle. Le bureau télégraphique fut également consumé et le fil ne put être rétabli qu'à neuf heures du matin.

Berne apprit la première l'étendue du désastre : cinq cents bâtiments avaient été détruits; trois mille personnes se trouvaient sans abri; les pertes s'élevaient à plus de dix millions.

XXV

L'INCENDIE DE L'ÉGLISE DE LA COMPANIA, A SANTIAGO

(1864)

Lorsque fut proclamé le dogme de l'*Immaculée Conception*, en 1857, l'église de la Compania, à Santiago, propriété des Jésuites, fut consacrée au culte spécial de la Vierge, dont les adhérents étaient très nombreux au Chili.

Chaque année, du 8 novembre au 8 décembre, on célébrait tous les soirs un service en honneur de Marie, et ce service se terminait, le jour de la Conception, par une fête magnifique.

Le 8 décembre 1864, cette réjouissance catholique promettait d'être extrêmement brillante : des banderoles, des guirlandes, des trophées avaient été répandus à profusion, et l'on avait déployé un luxe inouï de luminaires.

Dès sept heures, trois mille personnes au moins se trouvaient réunies dans l'église, trop étroite pour les contenir, et s'extasiaient sur la magnificence des décorations. Tout à coup, le sacristain occupé à allumer les dernières lampes du maître autel, ayant eu l'imprudence d'approcher une mèche allumée d'une lampe tombée par hasard, le gaz liquide s'échappa et s'enflamma. En quelques minutes, l'église, ornée de tissus du haut en bas, s'embrasa jusqu'à la toiture, faite de madriers peints à l'huile. Le chœur placé au-dessus de la porte d'entrée et toute la charpente qui soutenait l'orgue, furent subitement embrasés.

On devine aisément les scènes d'horreur qui suivirent. Les assistants, entourés de flammes, recevant sur la tête le plomb fondu des lampions, cherchent à gagner les issues, mais au lieu de sortir, ils s'écrasent, ils s'étouffent. Pendant ce temps, la propagation du feu est si rapide que la toiture s'affaisse et tombe sur cette foule affolée; la coupole et le clocher ont bientôt le même sort, et les personnes présentes, d'abord asphyxiées, brûlent sans qu'on puisse leur porter secours.

Comment, en effet, secourir tant de malheureux? Comment pénétrer dans l'église, à travers ce mur de chair carbonisée? On essaya, mais en vain, de retirer quelques victimes avec le lasso, et d'autre part les pompes, devenues inutiles, par suite de la rapidité de l'embrasement, furent employées exclusivement à préserver les bâtiments voisins, surtout la Bibliothèque et le Musée.

Deux mille cinq cents personnes restèrent sous les décombres, et presque toutes les familles de Santiago eurent à déplorer la perte d'un de leurs membres. Cette catastrophe est peut-être la plus terrible que l'on ait enregistrée depuis longtemps, car le récent incendie du théâtre de Vienne, si affreux cependant, coûta la vie à moins de sept cents personnes.

XXVI

Pendant toute la journée du 28 septembre 1869, l'allège *la Sainte-Trinité* avait chargé des caisses en zinc remplies de pétrole. Vers six heures du soir, un préposé des douanes demanda une lumière au patron de l'allège pour signer une quittance comptable, et cette lumière, approchée trop près des caisses de pétrole, détermina une explosion instantanée. Le douanier et le marin se jetèrent à l'eau, et gagnèrent la rive, tandis que *la Sainte-Trinité*, rompant ses amarres, était entraînée vers la rade par la marée montante.

Un steamer envoyé à la rencontre de l'allège la fit échouer sur le banc de sable des Queyries, mais en voulant la noyer par le jeu de ses aubes, il engagea son hélice et faillit prendre feu. A l'approche de la pleine mer, la barque fut soulevée par le flot, sa coque éclata, et le pétrole, entraîné par le courant vint s'attacher aux flancs des navires mouillés dans le port : seize[1] brûlèrent immé-

1. Voici leurs noms : *Moïse, Tourny, Lieutenant-Bellot, Mary, Charlotte, Orizaba, Pionnier, Charlemagne, Harmonie, Panama, Ulysse, Chimiste, Unico, Ariel, Progrès, Chomin.*

diatement, tant la propagation du feu fut rapide sous l'influence de la brise d'est.

Il était environ minuit. Poussée par la curiosité, une foule compacte se pressait sur les quais, contemplant ce spectacle à la fois horrible et majestueux. Le fleuve, pareil à un ruban enflammé, éclairait de ses lueurs sinistres les maisons qui bordent ses rives. Chacun attendait impatiemment l'issue de cette terrible catastrophe, dont on ne pouvait prévoir encore l'importance.

A la fin, les chaloupes et les remorqueurs employés à isoler les navires incendiés furent plus forts que les flammes, et des pompes, installées sur des bateaux à vapeur, parvinrent à éteindre les débris qui flottaient à la surface de l'eau. A onze heures du matin, tout danger avait disparu, mais les pertes s'élevaient déjà à plus de trois millions de francs.

Au lieu de nous étendre davantage sur cet incendie, nous préférons dire quelques mots du système proposé par M. Desmartis, à l'occasion de la catastrophe de Bordeaux, pour préserver les navires chargés de pétrole.

M. Desmartis croit que le moyen de conjurer de pareils accidents consiste à munir les chargements d'huile minérale d'une enveloppe circulaire de tôle que l'auteur nomme *parafeux*, et à garnir les navires voisins, dans leur partie antérieure seulement, de parafeux angulaires. Dès lors, l'étrave d'un navire se tournant toujours en face du courant, les îlots de feu iraient frapper les parafeux, sur lesquels ils glisseraient suivant les branches de l'angle sans jamais toucher le navire. En interdisant l'entrée des ports aux navires chargés de pétrole qui ne seraient pas munis de parafeux, on éviterait le retour de calamités semblables à celle du 28 septembre 1869. Si l'on craignait que la marche des bâtiments ne fût gênée par ces appareils, il serait facile de les faire remorquer par de petits vapeurs[1].

1. Voir Louis Figuier, *l'Année scientifique* (1870-71), p. 428.

XXVII

L'INCENDIE DE CONSTANTINOPLE

(1870)

Le dimanche 5 juin 1870, vers deux heures de l'après-midi, le feu prit dans une maison de la rue Validé-Tchesmé, quartier de Taqsim, à Constantinople-Péra[1].

Activées par de fortes rafales, les flammes se propagèrent très rapidement dans tout le quartier. Sous l'action du vent, des flammèches, s'envolant de tout côté, vinrent s'attacher au flanc des maisons et les dévorèrent. L'archevêché catholique, l'église de Saint-Jean-Chrysostome, l'hôpital autrichien, une église et un couvent arméniens, l'Alcazar, le Théâtre italien, le grand hôtel du Luxembourg, l'établissement des Bains français, l'hôtel de l'ambassade d'Angleterre et quatre mille habitations furent bientôt la proie des flammes.

Il n'y a pas à Constantinople de corps de sapeurs-pompiers régulièrement organisé. Ceux qui ont la mission de

---

1. Péra est un des seize quartiers de Constantinople. Il est situé au nord de la *Corne d'Or*, où résident les Francs, et renferme les palais des ambassadeurs chrétiens. Au pied de Péra, sur le Bosphore sont les établissements militaires de *Tophana*.

combattre les incendies forment une corporation indépendante, qui ne se rattache ni à l'administration militaire ni à l'administration civile. Cette corporation a ses réglements, ses fêtes, ses coutumes, ses cérémonies, et elle se compose de Grecs, d'Arméniens et d'Albanais. Chaque fois que le feu prend quelque part, le peuple en est averti par les *bedji* (veilleurs) de la tour de Galata ou de la tour du Séraskiérat. Aussitôt, les pompiers accourent par bandes de vingt à trente, avec de petites pompes portatives; arrivés sur le lieu du sinistre, ils demandent au propriétaire de l'immeuble menacé quelle récompense il leur donnera, et après avoir débattu le prix de leurs services, ils se mettent à l'œuvre avec une remarquable intrépidité. Mais en général les maisons sont complètement brûlées avant que rien ait été fait pour les préserver de la ruine.

C'est ce qui eut lieu en 1870. Comme la corporation n'est pas très nombreuse, quelques édifices seulement furent disputés à l'activité dévorante des flammes. Il est cependant vrai de dire que les habitants, stimulés par la présence et les encouragements du sultan, du grand vizir et de plusieurs autres ministres, firent tous leurs efforts pour aider les pompiers dans leur tâche difficile autant que périlleuse.

Ce fut seulement vers cinq heures du matin, après l'incendie de l'hôtel de l'ambassade anglaise, que le feu, rencontrant les terrains vagues des *Petits-Champs*, s'arrêta devant cette barrière naturelle[1].

---

1. Il convient de faire remarquer qu'à Constantinople les cheminées sont indépendantes du reste des édifices : de sorte que lors-

Fig, 9. — Incendie de Constantinople (1870).

On trouva sous les cendres des cadavres calcinés ou écrasés. Dans une seule maison, douze pompiers furent ensevelis sous les décombres, et le nombre total des morts s'éleva à cinq cent cinquante. Des souscriptions furent organisées pour venir en aide aux familles des victimes.

qu'une maison s'écroule, la cheminée peut rester debout. Il en fut ainsi à Péra, en 1870, pour la plupart des constructions brûlées.

XXVIII

L'INCENDIE DE STRASBOURG

(1870)

Lorsque toutes les troupes allemandes furent arrivées devant Strasbourg, le général de Werder résolut de profiter du temps que demandaient les préparatifs de l'attaque régulière pour bombarder la place. Il espérait, par cette mesure, intimider les assiégés et obliger le général Uhrich à se rendre, lorsqu'il verrait la ville menacée d'une ruine complète et l'opinion publique se tourner contre lui.

Un premier obus tomba dans le faubourg de Saverne le 13 août. Le surlendemain, le préfet impérial fit arborer des drapeaux aux quatre tourelles de la cathédrale, et le cortège officiel vint entendre chanter un *Te Deum*, à l'occasion de la fête de l'empereur, fête funèbre, disait le général Uhrich. « On regarda défiler avec un serrement de cœur les détachements de troupes en tenue de guerre, les marins si vaillants à la défense, les jeunes mobiles si intrépides bientôt, les douaniers, troupe d'élite trop souvent sacrifiée, l'artillerie, l'infanterie, la cavalerie, débris à peine organisés de la défaite de

Frœschwiller. Pas une voix ne s'éleva pour acclamer l'empereur, mais toutes les têtes se découvrirent quand passa sur la foule notre drapeau national, l'oriflamme tricolore de la France, notre patrie à jamais bien-aimée![1] »

Or, ce soir-là, des projectiles lancés des hauteurs de Hausbergen s'abattirent dans le cœur même de la ville : vingt et un coups de canon allumèrent quelques incendies dont on put heureusement se rendre maître, puis un silence lugubre succéda au bruit de la canonnade. Un prêtre ayant tracé sur un plan la trajectoire des obus, remarqua qu'ils convergeaient tous vers la cathédrale, dont une corniche fut atteinte.

Le maire prit aussitôt des mesures en vue des incendies et du bombardement. Chaque propriétaire dut placer aux divers étages de sa maison des cuves d'eau, du linge ou des éponges mouillés, de la terre et du sable secs. Dans chaque habitation, on organisa par ordre de la municipalité, entre propriétaires et locataires, une garde permanente de nuit, et il fut décidé que toutes les fois qu'un incendie se déclarerait, l'éveil serait donné au poste de pompiers le plus voisin. Des corps de veilleurs volontaires firent des patrouilles pendant la nuit, et les habitants du faubourg de Pierres, les premiers organisés, prirent pour devise : « Aide-toi, le ciel t'aidera ».

Le 18 août, à 9 heures du soir, le bombardement recommença. Une dizaine de bâtiments brûlèrent à la fois dans le faubourg National. Un obus, tombant dans un pensionnat de la rue de l'Arc-en-ciel, coûta la vie à six jeunes filles, et l'artillerie, qui avait l'ordre de ne lancer

---

1. A. Schnéégans, *la Guerre en Alsace, Strasbourg*. Paris, 1871, in-12.

que des bombes incendiaires, continua ses ravages pendant toute la nuit : les ambulances sur lesquelles flottait la croix de Genève ne furent même pas épargnées. Dans la matinée, la citadelle, visée par les projectiles ennemis, riposta en bombardant et en incendiant Kehl (19 août).

Le général Uhrich répondit par un refus énergique à une première sommation de Werder, mais il demanda au général prussien de laisser sortir les femmes, les vieillards et les enfants, demande qui fut impitoyablement repoussée. Le jour suivant (nuit du 22 au 23), deuxième sommation, deuxième refus, et le bombardement reprit de plus belle. A neuf heures du soir (23 août), des obus tombent dans tous les quartiers, y allument des incendies, éclatent dans les hôpitaux et les ambulances. Les malheurs sont si nombreux que les journaux de Strasbourg n'ont « ni le temps ni la place pour relater toutes les victimes et toutes les ruines ». Le 24, la citadelle est écrasée, l'arsenal brûlé. Mais ce fut dans la nuit du 24 au 25 que le bombardement fut le plus affreux. On a calculé que 10 projectiles par minute tombaient sur la ville.

« Quelle nuit terrible ! disait le lendemain *le Courrier du Bas-Rhin*. Quelles ruines et quel deuil ! A huit heures l'ennemi a recommencé son feu contre la ville, feu épouvantable qui a détruit des fortunes, des trésors, des chefs-d'œuvre. Où tourner d'abord ses regards dans ces monceaux de décombres fumants et quelle perte faut-il citer la première ?

« La bibliothèque de Strasbourg, célèbre dans l'Europe! des manuscrits et des livres uniques dans le monde; des siècles de travail, de patience, d'étude ; des millions et des millions !... Plus rien, pas une feuille de papier, pas un parchemin, pas un document ! Le sol encombré de débris, et dans un coin une ou deux reliures carbonisées, voilà ce qui reste !

« L'église du Temple-Neuf, la plus vaste des églises protestantes de Strasbourg, avec son orgue splendide, ses peintures murales si renommées, quatre murs en subsistent !

« Le musée d'art installé à l'Aubette, détruit complètement avec le bâtiment qui le renfermait !

« La cathédrale, à son tour, n'échappe pour ainsi dire que par miracle à quelque grand désastre dont elle est menacée chaque nuit. Ce matin encore, des fragments de sculpture et des éclats de pierre de taille, épars sur le sol, indiquaient que quelque boulet avait touché notre magnifique monument, une des gloires de l'Europe !

« La maison de l'œuvre Notre-Dame, une des plus vieilles et monumentales constructions du moyen âge, a reçu plusieurs projectiles les nuits précédentes déjà et cette nuit encore. L'Hôtel de Ville, nouvellement restauré, est criblé sur la face qui regarde le théâtre, et la salle des séances du conseil municipal, située au rez-de-chaussée, a été dévastée. Diverses constructions particulières, le Broglie, la rue du Temple-Neuf, les plus belles maisons de la rue du Dôme, sont devenues la proie des flammes. Les obus tombaient par centaines dans une seule rue, et dès qu'un incendie était allumé, les projectiles étaient lancés par masses sur le brasier pour empêcher les travailleurs d'éteindre le feu.

« Toute la ville est jonchée de débris. »

Lorsque l'incendie éclata à la Bibliothèque, il était neuf heures du soir : on n'avait pris aucune précaution les jours précédents, il n'y avait pas de pompes disponibles dans les rues voisines, et l'on s'attendait si peu à cet acte de barbarie qu'on avait dirigé tous les secours du côté des faubourgs, où les bombes pleuvaient en grand nombre. Tout brûla, et l'on ne retrouva dans les décombres qu'un tronçon du sabre de Kléber, « comme si le sort avait voulu finir cette lugubre tragédie par un éclat de rire moqueur... Qui nous rendra nos manuscrits, nos précieuses collections du seizième et du dix-septième siècle, nos chroniques inédites, fidèles tableaux des hauts faits de nos ancêtres républicains[1]! »

Werder crut avoir cette fois découragé les assiégés, et il fit de nouveau dire au gouverneur de se rendre. Uhrich, inébranlable, refusa même au maire l'autorisation d'envoyer au quartier général allemand des délégués chargés de représenter à Werder l'inutilité et la cruauté de ses moyens. Mais en apprenant que l'ennemi s'était opposé à la sortie des enfants, des vieillards et des femmes, les Strasbourgeois indignés redoublèrent de patriotisme et de courage et demandèrent des armes pour marcher aux Allemands.

La nuit suivante, le feu dévora intérieurement la forêt de charpente qui recouvrait la nef de la cathédrale; à minuit, on vit les flammes jaillir de la toiture et lécher la base de la flèche; de longues rues flamboyèrent d'un bout à l'autre. Le matin, le brave Uhrich répondit à une nouvelle sommation ces cinq mots significatifs :

« Strasbourg se défendra à outrance! »

1. *Revue critique d'histoire et de littérature*, 1871.

Werder est au comble de l'indignation. La cathédrale est prise pour point de mire, et la croix en est brisée *à la suite d'un pari.* Le 27, les Allemands se décidèrent à entreprendre un siège en règle. Ils ne se repentaient pas le moins du monde d'avoir assassiné à distance tous ces malheureux qu'on a si justement appelés des *cibles vivantes;* seulement, comme les bâtiments civils étaient presque tous abîmés, ils jugeaient opportun maintenant de diriger le feu de leurs batteries sur les casernes et sur les remparts. C'est par là qu'ils auraient dû commencer, c'est aux soldats qu'ils devaient s'en prendre d'abord, mais ils voulaient sans doute inaugurer une nouvelle méthode de faire la guerre. Cependant, la conduite de Werder ne fut pas unanimement approuvée par ses compatriotes, si l'on s'en rapporte aux paroles suivantes, empruntées au colonel Rüstow et au capitaine Julius von Wickede :

« Le bombardement de Strasbourg était inopportun pour les motifs que voici : les Strasbourgeois avaient des sentiments plus français que les habitants du centre de la France, et l'on pouvait prévoir que le bombardement n'aurait pour résultat que de les irriter davantage contre les Allemands... On pouvait donc s'abstenir de bombarder la ville, dont la garnison était fort insuffisante en force numérique et en qualité; on le devait surtout parce que, nous le répétons, c'était un singulier moyen de prouver aux Strasbourgeois son amour fraternel... Le bombardement fit des ravages épouvantables : *la magnifique cathédrale fut honteusement endommagée,* la précieuse bibliothèque fut anéantie; beaucoup de maisons particulières furent détruites; *des vieillards, des femmes, des enfants furent tués ou estropiés.* La population sans défense se réfugia dans les caves, les hommes valides cherchèrent avec courage à arrêter l'incendie pour sauver ce qu'ils pourraient de la ville de leurs pères[1]. »

« Lancer volontairement des obus et des bombes dans l'intérieur d'une ville, au lieu de les diriger sur les remparts, est une des nombreuses cruautés, des inutiles destructions que nous avons, hélas ! commises dans cette guerre. Nous n'avons pas fait ainsi des conquêtes morales, nous n'avons pas accru la sympathie de l'Alsace pour l'Allemagne, bien au contraire. Puisque nous voulions recouvrer à jamais cette province, nous n'aurions pas dû commencer par exaspérer contre nous la population. Mais il y a des militaires qui, dans leur zèle aveugle et sans scrupules, n'arrêtent jamais leur esprit sur ces considérations[2]. »

Avant de commencer le siège en règle, les Allemands crurent nécessaire de brûler encore *quelques* maisons : les incendies du 27 furent si insignifiants que la chaleur fit fondre les ailettes de plusieurs projectiles déposés au parc des boulets. Après la capitulation, Werder put constater que le faubourg de Pierres n'existait plus ; que dans tous les quartiers la plupart des maisons avaient été incendiées ou traversées par des projectiles ; que la Cathédrale, la Préfecture, le Musée, le Théâtre, le Palais de justice, la caserne de la Finckmatt, la Bibliothèque, étaient plus ou moins ruinés grâce à lui ; que sur trois mille cinq cents quatre-vingt-dix-huit bâtiments civils inscrits au cadastre, quatre cent quarante-huit avaient

1. *Der Krieg un die Rheingrenze*, par le colonel Rüstow, p. 149.
2. *Geschichte des Krieges von Deutschland gegen Frankreich*, par Julius von Wicked, p. 296.

été entièrement anéantis et tous les autres, moins cent, rendus inhabitables. Le jour où les Allemands entrèrent dans la ville, dix mille personnes se trouvaient sans abri !

Les vainqueurs ont-ils, depuis, essayé de faire oublier aux Alsaciens-Lorrains l'horreur de leur conduite en 1870-71 ? Sans doute ! Une loi, votée par le Reichstag sans avoir été soumise au Conseil d'État de Strasbourg et sans que la délégation d'Alsace-Lorraine eût été consultée, a interdit aux délégués, dans les délibérations, l'usage de la langue française, et a refusé le bénéfice de l'immunité parlementaire aux membres de la délégation. Comme quatre ou cinq délégués seulement peuvent s'exprimer suffisamment en langue allemande, il s'ensuit que les autres devront rester bouche close. M. Antoine, délégué de la circonscription rurale de Metz, terminait ainsi le discours qu'il a prononcé dans la séance du 9 décembre 1881 :

« Nous n'avions jamais espéré, Messieurs, qu'on nous traiterait en enfants gâtés de la grande Allemagne. Nous n'attendions rien de la générosité allemande; nous connaissions trop ce que nous avions perdu.

« Nous ne demandions pas même d'être traités en citoyens libres et indépendants; nous ne voulions être traités qu'en hommes : c'était bien peu; on nous le refuse. Nous tomberons en vous disant que nous n'avons rien appris de vous, messieurs les gouvernants, mais que nous n'avons rien oublié des autres ! Après onze ans, il vous plaît de gaieté de cœur de prononcer le *Væ victis !* Nous le subirons avec plus de dignité que vous n'avez mis d'ardeur à le prononcer... Malgré vous, il nous restera ce que vous ne pourrez jamais nous enlever :

l'espoir. Nous aussi, nous crierons à nos populations d'attendre, car au-dessus de vos menées, il y a la majesté du droit et de la justice[1]. »

1. Consulter sur l'incendie de Strasbourg : Borbstaedt, *Opérations des armées allemandes.* — Moriz Brunner, *Défense de Strasbourg en 1870.* — R. Reuss, *Les Bibliothèques publiques de Strasbourg incendiées dans la nuit du 24 août.* — Uhrich, *Documents relatifs au siège de Strasbourg.* — Anonyme, *Strasbourg, journal des mois d'août et septembre 1870.* — A. Schnéégans, *La guerre en Alsace, Strasbourg.* — Du Casse, *Journal authentique du siège de Strasbourg* (Paris, 1871). — Anonyme, *Lettres sur le bombardement de Strasbourg en 1870* (Tours, 1870, in-12).

XXIX

L'INCENDIE DE BAZEILLES

(1870)

Avant la guerre de 1870, Bazeilles, située près de la Meuse, à huit kilomètres de Sedan, renfermait plus de deux mille métiers pour la fabrication du drap, des fouleries considérables et des forges qui la rendaient très florissante. On y voyait le château où fut élevé Turenne, et peut-être les habitants se souvinrent-ils de ce grand capitaine lorsqu'ils opposèrent aux Prussiens une si énergique résistance.

Le 31 août 1870, dans la matinée, les citoyens de Bazeilles, voyant approcher l'ennemi, revêtirent leurs uniformes de gardes nationaux, et résolus à se défendre jusqu'au bout, firent cause commune avec l'armée. Malgré leurs efforts, les soldats français furent repoussés par un corps de Bavarois et par la division Shœler d'Erfurt, de la réserve prussienne. Mais alors, il fallut emporter Bazeilles, maison par maison, jardin par jardin; les marins défendaient chaque bouquet d'arbres et marchaient à la baïonnette lorsque leurs munitions étaient épuisées. Hélas! le nombre l'emporta; les Bavarois eurent le dessus et commencèrent la destruction du village : des enfants en bas âge eurent la tête broyée contre des pans de muraille, des femmes suppliantes furent repoussées à coups de crosse, la plupart des survivants tombèrent fusillés, sans distinction d'âge ni de sexe.

Ces scènes d'horreur n'étaient que le prélude de l'incendie : usines, maisons, mairie, rien ne fut épargné. Les flammes sortaient des habitations, ou les débris fumants brûlaient sur place les blessés qui jonchaient les rues et que personne n'était venu relever. L'incendie fut si violent, la fournaise si ardente, que longtemps après, les Prussiens entrant dans le village durent s'abriter pour se garantir de la réverbération des maisons encore brûlantes. « J'ai vu, de mes yeux vu, dit M. du Merzer, les ruines de ce malheureux village ; il n'en reste pas une maison debout. Une odeur de chair humaine brûlée vous prenait à la gorge. J'ai vu les corps des habitants calcinés sur leur porte. »

Suivant le général Von der Tann, Bazeilles fut incendiée par suite de la canonnade dirigée sur ce point pendant deux jours et des combats meurtriers qui se livrèrent dans les rues. S'il en était ainsi, pourquoi M. Von der Tann jugea-t-il à propos d'interdire les souscriptions organisées en faveur des survivants par M. Fitz-James? On sait aujourd'hui que si Bazeilles fut détruite, c'est parce que ses habitants avaient fait cause commune avec les soldats. Or, le droit qu'a chacun de défendre sa propriété menacée par l'invasion — droit contesté par les Prussiens en 1870 — fut proclamé officiellement à Breslau, le 21 avril 1813, par le roi Frédéric-Guillaume, qui imposa à tout citoyen le devoir de défendre le sol natal.

« Si j'étais du gouvernement français, écrivait M. Emmanuel Domenech, je défendrais la reconstruction de Bazeilles; je ferais entourer ses ruines d'une grille funéraire et je léguerais à la postérité ce trophée de vandalisme[1]. »

Ce conseil dicté à M. Domenech par son indignation n'a pas été suivi, et Bazeilles s'est relevée de ses ruines. Mais, cinq ans plus tard, le 23 novembre 1875, le petit village présentait un aspect inaccoutumé et imposant. Toutes les maisons étaient pavoisées de drapeaux tricolores garnis de crêpes et dix mille personnes assistaient à la bénédiction du monument élevé à la mémoire des braves, morts dans les terribles journées du 31 août et du 1er septembre 1870.

Ce monument est dû à un jeune architecte. M. Albert Maget. Sur une grande assise en pierre formant marches se dresse un sarcophage surmonté d'une pyramide, sans autre ornement qu'un bouclier grec sur une branche de palmier et une croix en creux sur la face opposée. Sur le sarcophage, on lit : « LA PATRIE A SES DÉFENSEURS, » et au-dessus : « BAZEILLES, 31 août, 1er septembre. »

1. G. Domenech, *Histoire de la campagne de 1870-1871 et de la deuxième ambulance* (Lyon, 1871, in-12), p. 225

XXX

Ce fut le mardi 18 octobre 1870, vers midi, que les guetteurs placés dans le clocher Saint-Valérien et dans les combles de l'Hôtel de Ville de Châteaudun signalèrent l'approche des éclaireurs ennemis. Les gardes nationaux, accompagnés des francs-tireurs parisiens et nantais se dirigèrent aussitôt vers la route d'Orléans, où ils échangèrent quelques coups de fusil avec l'avant-garde ennemie. D'autres soldats se rangèrent derrière les barricades, et la lutte commença.

S'il est malheureusement vrai que le patriotisme de bien des villes françaises fut pour ainsi dire paralysé par les succès imprévus de l'armée allemande, en retour quelques-unes firent preuve d'une abnégation véritablement héroïque et ne se rendirent qu'à la dernière extrémité. Châteaudun est au nombre de ces villes courageuses: la résistance qu'il opposa aux bandes germaniques a rendu son nom populaire, et la honte de sa destruction rejaillira longtemps sur ceux qui l'ont ordonnée, sans y être forcés par les terribles exigences de la guerre.

Les Allemands, après une vive escarmouche près de la gare, entourèrent la ville dans un demi-cercle d'attaque, et firent pleuvoir les obus sur le château, sur l'Hôtel de Ville et sur le clocher Saint-Valérien. Une maison, puis douze autres brûlèrent simultanément, tandis que les défenseurs de Châteaudun se repliaient sur la grande place. Les francs-tireurs, voyant une lueur rougeâtre au coin de la rue de Chartres et reconnaissant là l'œuvre des Prussiens, se groupèrent pour entonner la *Marseillaise*. Devant l'hymne de Rouget de l'Isle, les envahisseurs s'arrêtèrent hésitants, et ce fut seulement à huit heures qu'ils vinrent se masser autour de la fontaine publique.

« Après avoir fait leur choix, dit M. Isambert, ils enduisent à la brosse les portes de pétrole et y mettent le feu. Ils allument les rideaux, les lits; la plupart du temps, pour abréger la besogne, ils répandent le pétrole sur les premières marches de l'escalier, qui porte l'incendie jusqu'au grenier. » Les incendiaires se partagent en sections de soixante ou quatre-vingts hommes : une moitié de chaque section reste dans la rue et monte la garde, la seconde moitié se subdivise en deux escouades, dont l'une procède au déménagement, l'autre à l'incendie. Système ingénieux, qui permet d'agir avec beaucoup de rapidité! Rue de Chartres, on met le feu au lit d'un paralytique; on entre dans un hôtel où l'on se fait servir un dîner de gala; puis le duc de Saxe-Meningen, pour remercier sans doute l'hôtelier, prend une torche et donne l'exemple aux officiers présents en faisant brûler les rideaux.

Tout le quartier Saint-Valérien est ainsi livré aux flammes : des vieillards, des enfants, des infirmes sont emprisonnés et asphyxiés dans les caves. A six heures du matin, le juge de paix, un juge du tribunal et le subsitut obtiennent pourtant l'autorisation de se servir des moyens en leur pouvoir pour éteindre les incendies ; mais il est trop tard, le mal est fait, et comment guérir un membre gangrené ?

En apprenant la ruine de Châteaudun et la vaillante conduite de ses défenseurs, la délégation du gouvernement, siégeant à Tours, déclara que Châteaudun avait bien mérité de la patrie. La municipalité de Paris reconnaissante donna à l'une des plus belles rues de la capitale le nom de la petite ville qui avait si bien rempli son devoir[1].

Nous sera-t-il permis de citer ici quelques-unes des strophes qu'a publiées M. Émile Bergerat à cette occasion ?

> Petite ville, si j'étais
> Ce que pour toi je voudrais être,
> Avec ta ceinture pour mètre
> Et tes ruines pour étais,
>
> Je te bâtirais... Ah ! devine !
> — Un tombeau ? — Non ! — Un temple ? — Non !
> — Un Colysée, un Parthénon ?
> — Non plus ! — Quelque Babel divine ?
>
> — Non, mais si tu veux le savoir,
> Un collège avec cette enseigne :
> « Ici l'héroïsme s'enseigne.
> « Ici l'on apprend son devoir. »

1. Voir Ed. Ledeuil, *Campagne de 1870-71, Châteaudun* (Paris, 1871, in-8) ; — G. Isambert, *Combat et incendie de Châteaudun* (Paris, 1871, in-12) ; etc.

. . . .

Et dans cette Université,
Les enfants qui seront la France
Auraient des vieux de la cité
L'enseignement de la délivrance.

XXXI

LES INCENDIES DE PARIS

(1871)

Nous nous bornerons à donner ici la partie du rapport officiel adressé au gouvernement de Paris au mois de mai 1871, relative aux incendies. Nous dirons ensuite quelques mots de l'état des principaux monuments incendiés après la semaine de mai.

On se rappelle que le 21 mai 1871 l'armée de Versailles entra dans Paris par la porte de Saint-Cloud. Dès le 23, les fédérés « étaient pris, dit M. Camille Pelletan, dans un mur mobile de fusils, de baïonnettes et de canons... Ils étaient traqués de rue en rue, de barricade en barricade, enfermés dans un espace toujours plus étroit... Au bout de quarante-huit heures, une fureur aveugle s'empara d'eux et alla toujours grandissant... Le mardi, vers le soir, les premiers incendies étaient allumés rue Royale et rue de Lille; puis les Tuileries brûlaient; puis le Palais-Royal, la Préfecture, le Palais de Justice, l'Hôtel de Ville; les flammes jaillissaient de tous côtés, et une pluie de cendres et de paperasses brûlées allaient tomber sur toute la banlieue. Des Parisiens commettaient ce crime énorme de brûler Paris [1]. »

Maintenant voici le rapport du Maréchal :

« *24 mai.* — La journée du 24 mai comptera parmi les plus sinistres dans l'histoire de Paris. C'est la journée des incendies et des explosions. Le ciel reste obscurci pendant tout le jour par la fumée et par les cendres. Déjà, la veille, un immense incendie dévorait le palais de la Légion d'honneur, la Cour des comptes et le Conseil d'État; les Tuileries avaient brûlé toute la nuit, et dès l'aube l'incendie atteignait le Louvre et menaçait les galeries de tableaux.

« Dans la matinée, de nouveaux incendies se déclarent au Ministère des finances, au Palais-Royal, dans la rue de Rivoli, dans la rue du Bac, au carrefour de la Croix-Rouge.

« Le Palais de Justice, le Théâtre Lyrique, l'Hôtel de Ville sont livrés aux flammes quelques heures plus tard.

« Tout le cours de la Seine, en amont du Palais Législatif, paraît en feu.

« A l'horreur qu'inspirent ces immenses foyers viennent s'ajouter des explosions considérables dans les quartiers de la Sorbonne et du Panthéon.

« Le maréchal donne des ordres pour qu'un grand effort soit fait sur le centre afin de conjurer l'incendie des monuments enflammés et de préserver du feu et des explosions ceux qui ne sont pas encore atteints, et surtout le Louvre.

« ..... Dans la soirée du 24, nous sommes maîtres de

---

1. Camille Pelletan, *La Semaine de mai*, p. 74.

Fig. 10. — Incendies de Paris en mai 1871.

plus de la moitié de Paris et des grandes forteresses de
la Commune, telles que Montmartre, la place de la Con-
corde, l'Hôtel de Ville et le Panthéon. »

25 mai. — Au centre, la brigade Bocher, formée en
trois colonnes, débouche par la rue Corvisart, les boule-
vards Arago et de Port-Royal, et enlève les Gobelins que
les insurgés incendient en les abandonnant..... »

26 mai. — « Le corps Ladmirault, à la gauche, achève
de préparer son mouvement sur les buttes Chaumont;
dans ce but, il s'empare des barricades des rues Riquet,
de Flandre et de Kabylie, qui assurent la possession de la
place de la Rotonde dont les insurgés sont débusqués,
après avoir toutefois incendié la raffinerie de sucre et les
magasins de la douane[1]..... »

Est-il vrai que des misérables ont activé les incendies
en versant sur les édifices du pétrole ou quelque autre
substance? Il n'est pas une question sur laquelle les historiens de la Commune se soient moins entendus. Nous
nous contenterons de donner sur cette grave affaire l'opinion de trois historiens appartenant à des camps politi-
ques absolument opposés.

« Un peu de réflexion, dit M. Pelletan, suffit pour voir
ce qu'il y a d'absurde dans ces idées. Incendier une maison avec ce qu'on pourrait jeter de pétrole d'une boîte
au lait, en allumant ce pétrole avec la mèche lancée rapidement à distance, serait assurément un des tours de
force les plus extraordinaires; et, pour qu'on pût remplir
les pompes d'huile minérale, il aurait fallu faire ap-

---

1. Rapport sur les opérations de l'armée de Versailles, depuis le
11 avril jusqu'au moment de la pacification de Paris.

porter secrètement des quantités considérables de bonbonnes au milieu de quartiers occupés par les troupes sans que personne s'en aperçût, ce qui aurait été singulièrement difficile[1]. »

On lit ce qui suit dans *Les Convulsions de Paris*, par M. Maxime du Camp :

« Dès la matinée du 24, Paris fut pris de folie. On racontait que des femmes se glissaient dans les quartiers déjà délivrés par nos troupes, qu'elles jetaient des mèches soufrées dans les soupiraux, versaient du pétrole sur le contrevent des boutiques et allumaient partout des incendies. Cette légende, excusée sinon justifiée par l'horrible spectacle que l'on avait sous les yeux, était absolument fausse ; nulle maison ne brûla dans le périmètre occupé par l'armée française. Les apologistes de la Commune ont énergiquement repoussé l'accusation qu'on faisait peser sur eux ; ils ont eu raison, car elle est imméritée, mais elle naquit spontanément dans l'esprit d'une population affolée par les horreurs dont elle était témoin[2]. »

MM. du Camp et Pelletan sont ici complètement d'accord. Mais tel n'est pas l'avis de M. Borel d'Hauterive, qui affirme formellement l'existence des *fuséens :*

« Tandis que les soldats sont accueillis en libérateurs par la population parisienne qui agite ses mouchoirs, crie : « Vive la ligne ! » et arbore aux fenêtres des drapeaux tricolores, c'est portant d'une main des bonbonnes d'essence minérale et de l'autre des torches allumées que les insurgés s'éloignent du théâtre de leurs exploits, lais-

---

1. Camille Pelletan, *La semaine de mai*, p. 109.
2. Maxime du Camp, *Les Convulsions de Paris*, t. II, p. 401 et 420·

sant derrière eux des ruines et des cendres. Les plus humains en apparence préviennent les habitants des maisons avant d'y porter la flamme. Mais il ne faut pas s'y
tromper : c'est un moyen d'écarter de leurs déprédations
tout témoin dangereux et de se livrer à leur aise au pillage pendant plusieurs heures[1]. »

Le Palais de la Légion d'honneur. — Il ne resta de cet
édifice, construit vers 1786 par l'architecte Rousseau,
que les écuries et le portique du fond de la cour. Médail-
lons sculptés, bas-reliefs, mobilier, boiseries peintes et
dorées, plafonds à moulures, salon demi-circulaire, tout
fut dévoré. Les statues de héros et de déesses bordant le
toit se profilaient toujours sur le bleu du ciel, les bustes
de philosophes et d'hommes illustres étaient encore dans
leurs niches rondes, les lilas et les roses du jardin
demeuraient intacts, mais les archives, pleines de pièces
si importantes, n'existaient plus.

Le Palais d'Orsay et le Conseil d'État[2]. — « Le mardi 23,
à six heures du soir, les troupes du gouvernement ayant
occupé le Palais-Bourbon, les fédérés commencèrent à
déguerpir; à plusieurs reprises, ils avaient pris la fuite,
et l'on crut le quartier sauvé; mais les fédérés revinrent
aux palais de la Légion d'Honneur et d'Orsay. Des gardes
nationaux du 67e enfoncèrent les portes du Conseil d'État.
Tout le rez-de-chaussée fut incendié et le feu se communiqua rapidement au premier, à la Cour des comptes, par
les escaliers et par les vastes ouvertures pratiquées au
plafond des salles d'attente pour recevoir le jour... Il était

1. Borel d'Hauterive, *Les sièges de Paris*, p. 367.
2. On sait que le Conseil d'État et la Cour des comptes siégeaient
avant la Commune au palais d'Orsay.

sept heures moins vingt quand le feu éclata ; il se propagea avec une rapidité inouïe, qui s'explique par la construction même du monument, tout en bois à l'intérieur et rempli de papiers... Le palais fut entièrement consumé, il n'en resta que les murs. » L'escalier d'honneur de la Cour des comptes était orné des fresques de Chassériau, qui échappèrent en partie à la ruine. Au Conseil d'État, deux magnifiques toiles furent brûlées : *le président Duranty*, par Paul Delaroche, dans la salle du Contentieux, et *Justinien*, par Eugène Delacroix, dans la salle de Législation.

Le Palais Royal. — L'incendie y éclata un peu avant quatre heures ; deux pompes furent mises en activité par les habitants du quartier. Il fut impossible de sauver le pavillon situé du côté de la rue de Valois, mais on éteignit l'incendie allumé dans les bâtiments de la terrasse n° 17. A sept heures, le pavillon n° 1 était entièrement consumé et les flammes sortaient de six croisées de la façade. Une heure après, les soldats de la ligne arrivèrent : ils sauvèrent le Théâtre Français et se rendirent maîtres du fléau.

La Bibliothèque du Louvre. — Le Louvre fut préservé, mais non sa bibliothèque, fondée par le Directoire et renfermant près de cent mille volumes d'un haut intérêt. Les fenêtres furent violemment atteintes par les gerbes de feu que projetait le foyer central. Au-dessus du fronton, le buste de Minerve resta intact. Les archives du ministère des beaux-arts ne furent pas atteintes.

L'Assistance publique. — Le feu s'y communiqua par le café Marquis, situé au coin du quai et de la place de l'Hôtel-de-Ville. Toute la partie qui faisait face à la Seine et à l'avenue Victoria fut consumée, et il ne resta d'intact que les salles du Conseil, les appartements du directeur et du secrétaire, et la façade du côté de la place. Du quai de Gesvres à l'avenue Victoria, tout était en feu.

Le Palais de Justice. — « En entrant au bureau du greffe par le grand escalier qui conduit à la salle des Pas-Perdus, plusieurs des arceaux de la voûte sont effondrés, et les gigantesques piliers qui la soutenaient gisent pêle-mêle sur le sol, tout carbonisés. Les salles des Cours d'assises et de cassation ne présentent plus que des ruines. Les poternes du vieux château de saint Louis sont découronnées ; leur intérieur est en cendres. Au milieu de ce désastre, on contemple avec soulagement le précieux joyau d'architecture de la Sainte Chapelle, avec sa magnifique flèche toute brillante. » Le tribunal de première instance fut heureusement préservé.

Le Grenier d'abondance. — Les immenses magasins désignés sous ce nom occupaient, sur le boulevard Bourdon, un espace de trois cent cinquante mètres. Le jeudi 25 mai, vers deux heures, ce vaste établissement, qui contenait pour plus de douze millions de marchandises, des fûts de spiritueux, des tonnes d'huile et une masse énorme de poisson salé, devint la proie des flammes et fut entièrement consumé.

Le Théâtre de la Porte Saint-Martin. — La scène illustrée par un si grand nombre d'œuvres populaires ne fut pas épargnée. Seuls, le grand mur qui isolait la scène et le mur du fond restèrent debout. Tous ces masques en saillie qui riaient et pleuraient au-dessus du contrôle, cette frise d'enfants bouffis qui se mêlaient au-dessus du balcon aux satyres et aux nymphes, cette foule de moulures dorées n'échappèrent pas aux incendiaires.

Le Ministère des finances. — L'incendie se déclara dans cet édifice le lundi 22 mai. On croyait s'en être rendu maître, lorsque le 24 au soir le feu reprit avec une nouvelle intensité, et, attisé par le vent d'orage qui soufflait dans cette soirée, détruisit entièrement ce monument. Le grand livre de la dette publique, les titres de rente 3 pour 100 déposés en vue de toucher le coupon et un certain nombre de dossiers purent être sauvés, mais il ne subsista rien des archives ni de la bibliothèque administrative.

Les Tuileries. — Les Tuileries furent ruinées de fond en comble. Le pavillon de Flore échappa bien au désastre, mais tout ce qu'il contenait fut réduit en cendres. La partie du monument comprise entre la rue des Pyramides et le guichet de l'Échelle, celle que limitaient le pont Royal et le pont des Saints-Pères, furent consumées.

Il faut remarquer que l'incendie exerça principalement ses ravages sur les plafonds et sur les cadres, car à la suite du 4 septembre, on avait enlevé des Tuileries tous les tableaux et le mobilier d'apparat.

Les Gobelins. — Le feu y détruisit la galerie, un atelier de six métiers, trois salles contenant des couleurs, un atelier de peinture, le magasin des plâtres, l'école de tapisserie et la collection célèbre composée de tapisseries du dix-septième, du dix-huitième et du dix-neuvième siècles. Grâce au dévouement du personnel de la manufacture, la chapelle, les laboratoires, les bureaux, le magasin général, l'atelier des tapis, les bâtiments d'habitation échappèrent à la ruine.

Les Docks de la Villette. — Les entrepôts de la Rotonde, ainsi appelés à cause de la forme des bâtiments occupés par les bureaux, contenaient environ cinq millions de marchandises au moment où le feu éclata. Les barils d'essence et les bonbonnes d'huile, laissant échapper leur contenu, contribuèrent puissamment à activer l'intensité des flammes. On éleva des talus en terre pour arrêter les liquides et les empêcher de couler, par la rue Riquet, jusqu'à la rue de Flandre.

Comme on avait de l'eau en abondance, on put cependant sauver le bâtiment.

Autres monuments incendiés. — Parmi les autres monuments qui furent brûlés pendant la semaine de mai, nous citerons :

le Théâtre Lyrique,

l'Hôtel de Ville,

la Mairie du IVe arrondissement,

le Théâtre des Délassements,

la Préfecture de Police,

l'église de Bercy,

la Mairie du XIIe arrondissement.

Quant aux maisons particulières incendiées sous la Commune, elles sont trop nombreuses pour que nous puissions les énumérer ici. Nous dirons seulement que l'avenue de Neuilly, la rue Royale (entre la Madeleine et le faubourg Saint-Honoré), la place de la Bastille, la rue de Lille et la rue Turbigo ont particulièrement souffert.

Aucun incendie ne se déclara dans le quartier du Panthéon.

XXXII

Un soir du mois d'octobre 1871, un jeune garçon de Chicago, trayant une vache dans une étable, avait eu l'imprudence de s'éclairer avec une lampe à pétrole. L'animal peu docile se mit à lancer des coups de pied, dont l'un renversa la lampe : la litière, faite d'herbes sèches, s'enflamma brusquement et la maison tout entière ne tarda pas à prendre feu. L'embrasement fit des progrès d'autant plus rapides que cette maison était construite en bois, comme d'ailleurs la plupart des habitations voisines. On sait qu'il existe encore aujourd'hui en Amérique des villes où les constructions en pierre font absolument défaut.

Ce soir-là, pour comble de malheur, un ouragan terrible se déchaîna subitement sur Chicago, et les ouvrages hydrauliques qui y amènent les eaux du lac Michigan étaient par hasard en réparation. Tout conspirait donc à favoriser les progrès de l'incendie.

Aussi, les quartiers les plus anciens, bâtis en bois, furent-ils promptement consumés. Puis, ce fut le tour de la ville neuve, dont le pavé goudronné offrait aux flammes un aliment non moins puissant. Sur un espace de neuf milles carrés, on ne vit plus bientôt que des ruines fumantes. De temps en temps retentissaient des détonations formidables : c'était une usine à gaz qui sautait ou bien une mine qui emportait quelque maison avec un fracas épouvantable ; car on en était réduit à employer la poudre à canon pour isoler le foyer d'incendie.

Les édifices publics, les bureaux de journaux, le télégraphe, les gares, les établissements hydrauliques, les églises, les universités, les théâtres, les banques, la Bourse, le Palais de justice, le parc à bestiaux, les greniers à grain, rien en un mot ne fut épargné, et le nombre des bâtiments brûlés s'éleva à douze mille. Pendant trois jours, du 7 au 10 octobre 1871, le feu exerça ses ravages avec la même violence, et ce fut seulement dans la matinée du quatrième jour qu'une pluie abondante mit fin à cet horrible sinistre, qui causa la mort de 500 personnes et la ruine de 20 000 familles. Le quartier du Sud fut entièrement anéanti. « Les habitants, lisons-nous dans une dépêche en date du 10 octobre 1871, se pressent et se serrent les uns contre les autres, comme des troubeaux mourant de faim et cherchant à se préserver des rigueurs de la saison. »

Est-il besoin de dire que la classe commerçante fut celle qui eut le plus à souffrir ? Chicago était une ville industrieuse par excellence : 250 trains la faisaient communiquer chaque jour avec le reste de l'Amérique, 24 lignes ferrées aboutissaient à ses entrepôts, et des navires représentant plus de 400 000 tonneaux lui apportaient les productions des autres parties du monde.

Fort heureusement, la stupeur du premier moment fut bientôt passée. Dès le 12 octobre, on commença à reconstruire les maisons, les affaires reprirent tant bien que mal, et le lendemain même de l'incendie *la Tribune de Chicago*, imprimée avec une presse à main, apprit au reste de l'Amérique les plus petits détails de la catastrophe. Depuis, Chicago s'est rapidement relevée de ses ruines, plus laborieuse, plus active, plus riche qu'avant l'incendie.

XXXIII

L'INCENDIE DE BOSTON

(1872)

Trois incendies ont successivement ruiné Boston depuis un siècle : le premier, qui eut lieu en 1794, consuma plus de cent maisons ; le second, en 1818, abîma le quartier de la Bourse ; le troisième, qui fut le plus terrible, éclata le samedi 9 novembre 1872, à sept heures et demie du soir. Il prit naissance au coin des rues Summer et Kningston, dans un sous-sol contenant une machine à vapeur ; la flamme atteignit, à travers la cage d'un ascenseur, la toiture, qui était déjà brûlée quand les premiers secours arrivèrent.

Tout à coup le vent souffla du nord, puis du nord-ouest, avec une telle force, qu'il détourna le jet des pompes de la direction que lui donnaient les porte-lances. Le feu dévora la rue Summer, se propagea dans les rues environnantes, et cela si rapidement que les appareils dont on pouvait disposer devinrent insuffisants en présence de la gravité du sinistre. En outre, il était impossible de se servir de tout le matériel, car on manquait de chevaux pour le traîner dans les quartiers menacés. Dès

minuit, cent trente maisons de commerce étaient ruinées de fond en comble. On demanda des secours à Wor-
cester, à Providence, à New-York, à Fall-River, à Lo-
well, à Lynn et à d'autres villes.

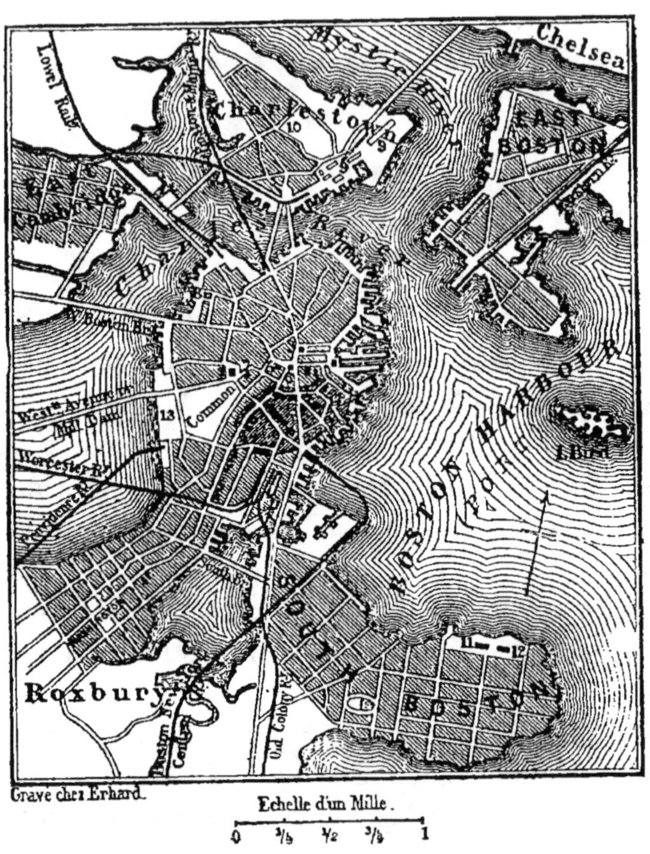

Fig. 11. — Plan de l'incendie de Boston (1872).

Le maire, ses conseillers et les notables de Boston se
réunirent et délibérèrent sur les mesures qu'il fallait
prendre pour éviter à la ville une ruine complète. Ils
pensèrent que le remède le plus efficace à apporter au

mal, était de faire sauter des rues, et en effet, vers trois heures (nuit du 9 au 10 novembre), la poudre attaqua Devonshire street. Bientôt après, vingt-deux carrés de maisons étaient détruits, vingt-cinq hectares de constructions, consistant surtout en maisons de commerce, se trouvaient anéantis, et depuis la rue Bigbroad jusqu'à la rue Washington, on ne voyait plus que des décombres. Il fallut faire une réquisition de douze cents soldats pour arrêter des misérables que l'on trouva en train de piller au milieu de ces ruines ardentes.

A cinq heures, neuf pompes arrivèrent des villes voisines, et Portland envoya un bataillon de quatre cents hommes pour aider les pompiers de Boston. Malgré ce renfort, trois hectares de maisons brûlèrent encore dans l'espace d'une heure, et le feu commença à menacer les nouveaux quartiers.

Cependant, la catastrophe semblait prendre fin, lorsque dans la nuit du 10 au 11 novembre, l'incendie reprit de plus belle au coin de Summer street et de Washington street, et ne cessa que dans la matinée.

Neuf cent cinquante-neuf constructions avaient été consumées : 280 maisons de commerce, 21 banques, la Bourse des marchands, l'église de la Trinité, la Caisse d'épargne des émigrants, la manufacture de verre, vingt-sept offices de journaux. Les pertes s'élevèrent à deux milliards de francs.

Parmi les villes qui envoyèrent immédiatement aux incendiés des secours en numéraire, il convient de citer Chicago, si cruellement éprouvée l'année précédente.

XXXIV

L'INCENDIE DE L'OPÉRA, A PARIS

(1873)

Le 8 juin 1781 l'Opéra fut détruit par un incendie :
« A huit heures et demie du soir, tous les spectateurs
étant déjà retirés de la salle de l'Opéra, et pendant
que les ouvriers de théâtre faisaient le service accou-
tumé après les représentations, le feu prit à quelques
cordages qui le communiquèrent à des toiles de décoration, et dans l'instant il devint si vif, que rien ne put
empêcher la flamme de se porter au comble et d'embraser
la charpente, de sorte qu'en fort peu de temps et sans
qu'aucun secours humain pût alors y mettre obstacle,
tout l'intérieur de la salle fut consumé. »

Après la mort du duc de Berry, l'Opéra fut transféré
rue Le Peletier, sur l'emplacement de l'hôtel de Choi-
seul. Là, il fut ruiné en 1873.

Dans la nuit du 28 au 29 octobre, vers onze heures,
une fumée intense et suffocante se répandit sur les bou-
levards jusqu'à la hauteur de la Chaussée d'Antin ; une
détonation sourde se fit entendre, et des étincelles rougeâtres commencèrent à sortir des magasins de décors

de l'Opéra, où le feu venait de se déclarer. Une heure après, les flammes illuminaient le ciel, et, avant l'arrivée des premiers secours, la salle, le théâtre, les décors, les tapisseries, les charpentes, étaient devenus la proie du feu. A la flamme rouge du cuivre se mêlent la flamme jaune du bois et la flamme blanche du zinc. Le vent pousse partout des brandons qui menacent les maisons voisines, et si par instant le feu semble se calmer, c'est pour reprendre bientôt de plus belle et lancer des gerbes incandescentes que suivent de formidables détonations. Les habitants du passage de l'Opéra, se figurant que le fléau gagne leurs demeures, perdent leur sang-froid et déménagent tous leurs meubles, qui couvrent bientôt le sol. A quatre heures, tout le théâtre était brûlé, à l'exception des bâtiments de l'administration, sis rue Drouot.

Le lendemain, l'observateur qui se serait placé à l'extrémité de la galerie de l'Horloge, aurait été témoin d'un des spectacles les plus tristes qu'il soit donné à l'homme de voir : des poutres noircies, des pierres calcinées, des étoffes à demi brûlées, des décombres de toute espèce jonchaient l'emplacement de l'Opéra, dont il ne restait que des murailles. On avait pu sauver les archives, mais non les accessoires, les parties d'orchestre des ouvrages en cours de représentation, les bustes du foyer. Pendant toute la semaine, des flammes, dégageant une vapeur noire, s'élancèrent de ce monceau de ruines.

Parmi les victimes de cet incendie, il importe de mentionner le caporal des sapeurs-pompiers Bellet, qui, entraîné par la chute du plafond, tomba dans un étroit corridor où il fut enterré sous les décombres : son cadavre, que l'on retrouva, ne portait aucune trace de brûlures; mais la tête avait été écrasée par la chute d'un pan de mur.

XXXV

Le 8 décembre 1881, on donnait au Ring-Théâtre de Vienne la deuxième représentation des *Contes d'Hoff=mann*. Quelques instants avant le lever du rideau, les cris « au feu » se firent entendre dans la salle, et le public se précipita vers les issues donnant sur les couloirs. L'horreur de ce sauve-qui-peut général fut encore augmentée par une obscurité soudaine, car l'administration avait négligé d'allumer les lampes à huile. Cependant, en moins de quatre mois, du 26 juillet au 23 octobre, le directeur du Ring-Théâtre avait été quatre fois invité officiellement à faire placer dans les corridors les lampes prescrites par le règlement. Or, c'est à l'absence de lumière que doit être attribuée l'effroyable proportion que prit la catastrophe.

« Il était sept heures moins un quart, raconte l'acteur Lindau. On venait de donner aux artistes le deuxième signal annonçant que dans un quart d'heure la représentation commencerait. Je venais d'achever mes préparatifs dans la garde-robe. J'avais endossé mon tricot et

mon frac vert et j'entrais en scène. J'étais arrivé à peu
près au milieu, lorsque j'entendis un cri de terreur effroyable. Un employé était en train d'allumer les lampes
du soffite (dessous du plafond) avec une longue perche
au bout de laquelle se trouve un petit réservoir contenant de l'essence minérale et duquel émerge une mèche
allumée. Il approcha la mèche trop près d'une toile
qui sert à la décoration du premier acte. Cette décoration
représente l'intérieur d'un cabaret. La toile s'enflamma
en un clin d'œil, la flamme se communiqua à une espèce
de toile qui tombe au dernier acte, en matière de rideau
intermédiaire.

« Je me vis entouré aussitôt d'une mer de feu, et je
vis l'employé sauter en arrière. Le jaillissement énorme
et subit de la flamme doit avoir provoqué un courant
d'air énorme. Une colonne de feu se dirigea tout droit
sur le rideau principal qui séparait la scène de la salle,
et y fit un large trou. Par ce trou elle entra dans la
salle, gagna les galeries et les enveloppa comme d'un
manteau mortel. Je n'entendis qu'un seul cri immense,
cri d'indicible terreur et d'horrible désespoir. Je me je-
tai en arrière, et je tombai sur le directeur. Nous nous
précipitâmes vers la porte de sortie de derrière du
théâtre, nous élançant vers la grande porte du devant
pour gagner de là l'escalier principal d'entrée : nous
voulions voir si le public s'était sauvé.

« Le foyer et l'escalier principal étaient vides, et un
instant, nous pûmes croire que tout le monde avait
échappé au feu. Mais aussitôt l'horrible réalité se présenta à nous. Le directeur tomba évanoui et fut emporté par un monsieur. Je m'élançai de nouveau vers la

porte de derrière pour rentrer dans la garde-robe et voir si je pourrais aider à sauver quelqu'un. Je pus me débarrasser du tricot et du frac, et je sortis dans les corridors. Ici, j'entendis des appels au secours ; des choristes femmes, fardées et vêtues de leurs costumes, descendaient en courant les escaliers ; plusieurs d'entre elles, qui n'avaient pas achevé leur toilette, étaient en chemise et en jupon. Je leur montrai l'issue par où elles pouvaient s'échapper, et je rencontrai l'inspecteur du feu, Kitsche, qui demeure à l'étage supérieur du théâtre. Il trouva sa femme évanouie dans sa chambre, la chargea sur son dos et l'emporta. Je pris ses deux enfants et le suivis.

« Arrivé au deuxième étage, je vis déjà la flamme sortir du théâtre et lécher l'escalier. Le rideau de fer qui, sur ce point, sépare le théâtre de l'escalier, était ouvert. Je descendis le rideau d'un coup, et nous fûmes en sûreté. Nous entrâmes au second, dans la chambre du théâtre, et nous réussîmes à jeter une partie des meubles par la fenêtre. Je remontai au troisième étage. Là, je vis un spectable terrible : un employé de la garde-robe était pris dans le rideau de fer qui sépare également au troisième la scène de l'escalier ; le malheureux s'était évidemment jeté vers la sortie et avait levé le rideau, mais il était tombé asphyxié ; le rideau était retombé sur lui et l'avait écrasé contre le plancher. »

Dès midi, le bureau de location avait été fermé, et vers six heures trois quarts, toutes les places, sans exception, se trouvaient occupées. Lorsque la flamme commença à jaillir du rideau, une fumée étouffante se répandit dans la salle. Les spectateurs voulurent gagner la sortie ;

les uns se précipitèrent à travers les corridors sombres jusqu'aux fenêtres et aux balcons ; les autres, éperonnés par l'instinct de la conservation, sautèrent d'une hauteur de dix, quinze et vingt mètres, et ne réussirent souvent qu'à se casser bras ou jambes. Bientôt, les pompiers arrivèrent et le sauvetage commença : on tendit des draps, on dressa des échelles, on sauva quelques personnes. Mais vers sept heures et demie le plafond s'écroula, des gerbes de feu s'élevèrent vers le ciel, les explosions de gaz se succédèrent coup sur coup. Vainement s'efforça-t-on de pénétrer dans l'intérieur du théâtre : des amas de personnes gisant les unes sur les autres barraient le chemin, et çà et là, sur ce tas de cadavres, d'autres corps restaient debout formant une muraille de chair infranchissable qu'il fallut d'abord enlever.

« A mesure qu'on enlevait un corps, dit M. Louis Clodion, il était emporté et provisoirement déposé dans la cour de la préfecture de police qui, par cette nuit sombre, emplie de la fumée des torches aux lueurs rouges et vacillantes, avait pris un aspect lugubre. Les corps étaient alignés par rangées le long des murs. Bientôt, l'espace manqua et l'on dut aviser. Le lendemain, ils furent transportés à l'hôpital de la garnison et à l'hôpital général, situé à peu de distance du Schotten-Ring (boulevard des Écossais), un peu au delà de l'église votive ; c'est là qu'eurent lieu les reconnaissances et que se passèrent les scènes les plus déchirantes. En effet, que de défaillances, de larmes versées, de cris étouffés, en cette recherche d'un parent, d'un être cher, au milieu de ces corps aux visages noircis, boursouflés, aux membres horriblement contractés, émaciés, méconnaissables !

Fig. 12. — L'incendie d'un théâtre de Vienne (1881).

Aussi avait-on posé sur chacun d'eux quelque objet dont il était porteur au moment de la catastrophe : une montre, une bague, un bijou quelconque, un portefeuille, un porte-monnaie, n'importe quoi. Malgré tout, un grand nombre de ces malheureux ne furent pas reconnus et durent être enterrés dans la fosse commune creusée tout exprès pour eux au cimetière central. Ils ne furent point oubliés pour cela ni abandonnés. D'après une décision de la commission municipale, cette tombe doit jouir d'une concession à perpétuité et être entretenue aux frais de la ville. »

Sept cents personnes périrent brûlées, étouffées ou écrasées.

L'incendie durait depuis deux heures, lorsque le commissaire de police Patzelt pénétra dans l'intérieur du Ring-Théâtre. Il monta les degrés aussi rapidement que possible, et suivi de quelques-uns de ses hommes, il arriva au troisième étage. Il trouva la porte qui conduit des galeries dans le corridor fermée, et la fit enfoncer à coups de hache. Un affreux spectacle s'offrit à ses regards : appuyés contre la porte, se tenaient debout un grand nombre de cadavres, dont la flamme léchait les pieds. Ces cadavres étaient tellement emmêlés qu'en les tirant, les pompiers leur arrachaient les mains ou les pieds. A ce moment, la quatrième galerie s'écroula sur la troisième, et une masse de corps humains tombèrent dans le fond du théâtre, d'où s'élevait une mer de feu. Il n'y avait plus rien à faire, et M. Patzelt dut s'éloigner pour sauver sa propre vie.

Un mari s'était levé au début de l'incendie, avait saisi sa femme par le bras et l'avait entraînée jusqu'au seuil ;

là, il s'était aperçu que la femme qu'il avait ainsi emportée dans sa course n'était pas la sienne.

Le matin venu, on dut arrêter le fonctionnement des pompes pour prévenir l'effondrement des fondations minées par l'eau. On commença à enlever les décombres du parterre, dans la mesure où la chaleur le permettait, car le feu, mal éteint en quelques endroits, reprit le soir même (9 décembre) au coin de la Ringstrasse et de la Hessgasse.

L'appel fait à la charité publique reçut l'accueil le plus chaleureux : des sommes considérables furent souscrites[1], et l'empereur résolut de faire construire, au moyen de fonds pris dans sa cassette privée, une maison de bienfaisance et une chapelle commémorative sur le lieu même du sinistre. La presse parisienne expédia une adresse au bourgmestre de Vienne et organisa des fêtes au profit des victimes de l'incendie[2].

Le Ring-Théâtre avait été élevé en 1872 sur les plans de l'architecte Forster : pendant les travaux, plusieurs ouvriers tombèrent d'un échafaudage et se brisèrent sur le pavé.

1. Le comité viennois de secours reçut 1 398 804 florins en numéraire, et 129 800 florins en dons en nature.
2. Huit personnes furent traduites devant la justice à propos de l'incendie du Ring-Théâtre : trois d'entre elles furent condamnées à des peines légères.

XXXVI

La veille[1] du bombardement d'Alexandrie, il restait à terre environ mille Européens, presque tous pauvres, Grecs ou Italiens, habitués à fraterniser avec les indigènes. Le reste se composait de petits artisans, de marchands, de banquiers, de fonctionnaires et de médecins.

On pensait généralement que l'armée égyptienne serait vaincue sans grande résistance et que les Anglais occuperaient la ville avant que la population arabe eût eu le temps de piller et d'incendier. Le 11 juillet, le premier coup de canon fut tiré à huit heures moins un quart du matin : deux heures suffirent pour réduire au silence les batteries égyptiennes de la côte, et dans l'après-midi les forts cessèrent de répondre. Montés sur les terrasses, les Européens faisaient des signaux aux Anglais, cherchant à leur faire comprendre l'utilité d'un prompt débarquement, mais ces appels réitérés exaspérèrent la soldatesque, qui se déchaîna incontinent sur toutes les maisons pavoi-

1. Lundi 10 juillet 1882.

sées, dont les habitants subirent les plus cruels traitements.

La nuit se passa, sans que les troupes britanniques missent pied à terre. Le matin[1], le canon ayant tonné pendant dix minutes, une terreur panique s'empara des esprits, les rues se remplirent de fuyards, et des bandes de soldats égyptiens parcoururent les rues du quartier européen en criant : « Mort aux chrétiens! » Avant d'évacuer Alexandrie, Arabi avait ouvert aux forçats les portes du bagne, et ces brigands, portant à la main des torches allumées, saccagèrent, puis incendièrent les maisons devenues désertes. Deux ou trois cents hommes détenus pour participation aux massacres du 11 juin 1882, avaient été rendus à la liberté.

Tout à coup, le clairon sonna sur la place des Consuls et donna le signal de l'incendie. Le quartier de la Marine, avec ses magasins indigènes, fut le premier dévasté, ensuite vint le tour de la ville européenne. Quarante mille pillards environ envahirent la rue de Ramleh, la rue Franque, la rue de la Porte Italienne, la rue des Sœurs, la rue Attarine : tout chrétien découvert[2] fut impitoyablement massacré. En même temps, les étoffes, les draps, les chaussures, les meubles étaient entassés dans des charrettes et traînés hors de la ville. Dès qu'un magasin était pillé, on l'abîmait et l'on brûlait tout ce qui ne pouvait être emporté. Au résumé, la ruine d'Alexandrie fut perpétrée par les Bédouins, par les soldats réguliers d'Arabi, mais aussi par la flotte anglaise.

1. Mercredi, 12 juillet 1882.
2. Beaucoup de chrétiens furent dénoncés par les domestiques indigènes ou les *baouabs* (concierges) des Européens.

A six heures du soir, les incendies se déclarèrent sur
trois points à la fois : au boulevard Ramleh dans de riches
magasins[1], au Consulat de France, et à l'hôtel d'Europe,
mais le feu y avait été mis dès trois heures. « On vit
alors des indigènes et des soldats aller de maison en
maison, répandre des bidons de pétrole fournis par l'Arsenal, ou jeter dans les magasins pillés d'énormes boules
de laine imbibées de pétrole et ayant un noyau de gou-
dron ou de poix. Ces engins incendiaires, distribués par
l'armée, avaient été préparés depuis longtemps. L'incendie de la ville avait été décidé et organisé d'avance,
Vers les huit heures du soir, un officier supérieur à cheval, suivi d'une escorte nombreuse, vint se rendre compte
de la marche de l'incendie. Il n'en fut pas satisfait, et il
s'en plaignit, gourmandant les soldats, leur donnant de
nouveaux ordres et des indications spéciales pour activer
le feu et pour qu'aucune maison ne fût épargnée. Regar-
dant l'immense édifice du Consulat de France, il en rec-
tifia l'incendie, en y faisant répandre de nouveaux bidons
de pétrole et lancer des étoupes enflammées. »

Les Européens s'étaient groupés à la Banque anglo-
égyptienne, au Crédit Lyonnais, à la Banque d'Égypte, à
la Banque Ottomane et à l'hôtel Abbat, établissements
gardés par des Monténégrins. Pendant la nuit du mercredi
au jeudi, ils organisèrent des patrouilles qui tinrent les
incendiaires à distance du pâté formé par les maisons
de banque. Malheureusement la ville européenne était
ruinée de minute en minute, et le directeur de la
banque anglo-égyptienne organisa une sortie, gagna la

____

1. Ces magasins appartenaient à des Français.

Marine et parvint à joindre *l'Hélicon*, yacht de l'amiral anglais; celui-ci, n'accordant qu'une médiocre confiance aux avertissements qu'on lui donna relativement à la situation de la ville, envoya seulement deux cent cinquante volontaires, dont les uns franchirent le talus de Ras-el-Tin, tandis que les autres marchaient vers le ministère de la marine. Ces deux positions occupées, les Anglais refusèrent d'aller plus loin. Vers une heure du matin, un reporter français, M. Jules Ranson, impatient de savoir ce que devenaient les Européens restés dans la ville, rejoignit Alexandrie à ses risques et périls et revint une heure après, traînant un pillard derrière lui. « Voilà, dit-il, les misérables qui sont à Alexandrie. Les laisserez-vous plus longtemps maîtres de piller, d'assassiner et d'incendier ? » Alors seulement les volontaires franchirent les portes de la ville, sur deux rangs, une mitrailleuse au milieu d'eux, tuant les brigands qui sortaient de chaque porte[1].

Le lendemain, l'occupation anglaise devint définitive, mais trop tard : l'incendie était général, la ville européenne ruinée, les hauts quartiers encore aux mains des pillards. Des marins grecs, autrichiens, allemands, américains débarquèrent en même temps que les troupes britanniques pour protéger les maisons de leurs nationaux, mais aucun des matelots français qui se trouvaient à bord de l'aviso *l'Hirondelle* ne suivit cet exemple.

Si maintenant on veut connaître l'aspect que présentait la ville après le bombardement et l'incendie, il suffira de lire la correspondance suivante, empruntée au *Temps* du 5 août 1882 :

1. Jeudi, 13 juillet 1882.

« La grande voie qui longe le rivage et qui part de l'arsenal pour aboutir à l'extrémité ouest de la ville, à Mineh-el-Bassal, est déserte; mais rien n'y indique le bombardement et l'incendie. Les magasins donnant sur le quai et trop à portée de la mitraille des Anglais, sont restés intacts. Ces magasins sont ceux des fournisseurs de navires. Le poste des Moustaphazinos, devant le débarcadère, est occupé par des soldats anglais dont la tenue se ressent beaucoup trop du voisinage des débits de liqueurs installés sur le port.

« Dans la rue de la Douane, les ruines de quatre à cinq maisons incendiées forment une sorte de barricade. Les Européens qui habitaient ce quartier essentiellement arabe étaient de pauvres débitants, dont les produits n'ont offert aux pillards qu'un maigre butin. Leurs boutiques n'en ont pas moins été saccagées et détruites. Dans la rue de la Douane, celle du *Chidan*, et celle de la Police, les boutiques des musulmans, ont été épargnées; celles appartenant à des chrétiens ont été atrocement pillées. La voie est jonchée de débris de caisses de savon, de sucre, de ferrailles, de verres. La rue voisine, celle des *Sarap* (Changeurs), est jonchée de coffres-forts défoncés, éventrés.

« A partir de ce point, l'œuvre des incendiaires apparaît dans toute son horreur, dans toute sa sauvagerie. On a peine à se frayer un chemin à travers les décombres encore fumants des maisons. A la place des Consuls, la destruction est complète. Des vastes édifices qui donnaient à cette place un caractère grandiose, deux seuls subsistent, à une extrémité : la maison du Club-Mehemet-Ali et le bâtiment des tribunaux de la Réforme. La dévastation, est telle que c'est par l'emplacement des ruines seulement que l'on reconnaît à peu près le point où l'on se trouve. Sans deux colonnes de fonte qui sont restées debout, les vastes édifices qui composaient le Consulat de France seraient complètement méconnaissables. Le palais Zizinia est effondré. Sa belle collection de tableaux et d'œuvres d'art n'a pu être sauvée à temps. L'énumération, quartier par quartier, rue par rue, de cette immense dévastation, demanderait des pages. Je me bornerai à dire que les maisons réduites en décombres, en cendres, en un monceau de pierres calcinées, offrent une longueur de près de deux kilomètres.

« L'établissement des lazaristes est anéanti. Celui des sœurs n'a pas été touché. Les misérables incendiaires se seraient-ils souvenus que les sœurs avaient ouvert dans une partie de leur local un dispensaire où les familles indigènes pauvres venaient chaque matin recevoir, non seulement des médicaments, mais encore des vivres, des vêtements, des secours?

« Les maisons que les bandes d'Arabi n'ont pas eu le temps de détruire par le feu ont été pillées et saccagées de fond en comble. Deux jours après le débarquement des Anglais à la Marine, les incendiaires n'en continuaient pas moins leur œuvre de destruction à l'autre extrémité de la ville. Mais ils n'ont pas eu le temps de l'achever dans les faubourgs européens. »

Nous ne donnerons pas au récit de l'incendie d'Alexandrie un développement plus considérable, et nous pensons que le petit nombre de faits scrupuleusement exacts qu'on vient de lire, suffira pour donner une idée précise de ce regrettable événement.

En terminant, nous ferons remarquer que la ruine d'Alexandrie a une portée d'autant plus grande qu'elle sera très probablement définitive et que l'antique cité du roi de Macédoine ne se relèvera jamais de sa chute. Grâce au percement du canal de Suez, grâce aussi à sa position naturelle, Port-Saïd est appelé à supplanter Alexandrie, et à devenir pour ainsi dire le centre de gravité du pays égyptien.

XXXVII

Le feu n'est pas le moindre des ennemis que le houilleur ait à combattre, et les coups de mine, les explosions du grisou, l'inflammation des houillères inquiètent presque continuellement cet intrépide champion de la vie souterraine.

Chaque fois que les houilles menues laissées dans une mine viennent à se décomposer[1], il se produit un dégagement de gaz délétères et de chaleur, qui détermine l'inflammation du charbon : l'embrasement gagne peu à peu, et *l'incendie souterrain* prend d'effrayantes proportions, si l'on ne parvient à l'éteindre dès sa naissance.

M. Simonin a décrit d'une manière très précise les différents moyens que l'on emploie pour s'opposer à la propagation du feu dans les couches en combustion.

Le procédé le plus simple consiste à élever un *corrois* ou barrage en argile, afin d'intercepter l'air; mais ce travail est extrêmement dangereux, car les mi-

---

1. A proprement parler, ce n'est pas la houille elle-même qui se décompose : ce sont les sels qu'elle contient qui subissent une réaction.

neurs, qui ont à supporter une température de 50 à 60 degrés centigrades, courent le risque d'être asphyxiés.

On peut aussi faire usage de l'appareil appelé *extincteur*, sorte de vase rempli d'eau chargée d'acide carbonique et de borate de soude. La partie incandescente se trouve entourée d'une atmosphère privée de son élément comburant, grâce à l'acide carbonique. De plus, lorsqu'on dirige un jet de cette solution saturée de borate de soude sur le foyer d'incendie, l'eau s'évapore et laisse comme résidu une couche protectrice de borate de soude, qui préserve la houille de toute nouvelle combustion.

Lorsque ces moyens ne sont pas suffisants, on est réduit à inonder les travaux, comme cela a eu lieu à Charleroi en 1851. Mais c'est là un système qu'on met rarement en pratique, parce que, si les travaux sont déjà profonds et considérables, on s'expose à supprimer pour un temps plus ou moins long toute opération commerciale. D'autre part, lorsque la houille inondée commence à perdre l'humidité qu'elle avait absorbée, elle rentre dans les conditions qui avaient déterminé primitivement la combustion, et par conséquent l'inondation n'a produit aucun résultat.

Aussi bien, on a rarement recours à ces mesures radicales, et on laisse l'incendie se continuer jusqu'au bout; on se contente seulement d'élever contre lui des barrages. Cela explique comment quelques incendies souterrains sont en activité depuis des siècles. « Au Brûlé, près de Saint-Étienne, il y a une houillère qui est en feu de temps immémorial. Le sol à la surface est stérile, calciné; la fleur de soufre, des produits de nature diverse, de l'alun, du sel ammoniac s'y déposent : on dirait un

Fig. 15. — Emploi de l'extincteur dans les houillères.

coin des villes maudites consumées jadis par les feux de la terre et du ciel[1]. »

La combustion des houilles est généralement lente, parce que l'air pénètre assez difficilement dans les dépôts ; mais s'il se fait des fissures dans le terrain, si la communication est établie entre l'air extérieur et la couche embrasée, il se produit une inflammation très violente, et la combustion dégage alors une chaleur assez vive pour calciner les matières environnantes ; elle fait passer au rouge la couleur du grès ; elle réduit les schistes en *tripoli* ou en matières vitrifiées (*porcellanites*), parfois même en matières scoriacées. Souvent aussi, il se forme des matières alunifères, et çà et là, il se dégage des fissures du sel ammoniac qui se dépose sur le sol en efflorescences blanchâtres. Ces dépôts sont quelquefois assez considérables pour mériter d'être exploités[2].

Il arrive aussi que la température de la couche en combustion est assez élevée et assez durable pour transformer en coke la houille des couches contiguës, si toutefois celles-ci ne sont pas en communication avec l'air. Dans quelques cas, la houille est transformée, non plus en coke, mais en graphite.

Comment la houille peut-elle ainsi s'enflammer ? Ce phénomène s'explique aisément si l'on considère que la houille contient disséminés dans sa masse des pyrites ou sulfures de fer. Au contact de l'eau ou de l'humidité, ces sulfures tendent à se transformer en sulfates de fer, et dégagent une quantité de chaleur assez considérable pour enflammer la houille, laquelle joue dans cette

1. Simonin, *La vie souterraine*, p. 165.
2. Voir Beudant, *Minéralogie*, p. 219.

réaction chimique le rôle de corps poreux. Or, tous les corps poreux ont la propriété de favoriser les réactions chimiques des gaz condensés dans leurs pores.

Les incendies souterrains n'ont pas d'effets violents et ne sont pas accompagnés de fortes explosions, mais la perte du charbon consumé est souvent considérable. Plus les puits ouverts sur la direction des veines sont nombreux, plus l'incendie est prompt à éclater, car les eaux de pluie tombant dans ces puits rencontrent des pyrites : de là un embrasement de la houille.

Parmi les plus importants de ces feux de houillères, il faut citer ceux des bassins de Decize, de Commentry et de l'Aveyron, en France, de Falizolles en Belgique, et de quelques couches de houille en Angleterre.

La houille que l'on extrait dans le bassin de Decize (Nièvre) appartient à la qualité des houilles flambantes à longue flamme. Elle est pyriteuse, s'effleurit aisément, et par suite les menus s'échauffent fréquemment de manière à prendre feu. A plusieurs reprises, on a combattu des incendies causés par cette propriété inflammable des houilles de Decize. — Dans la couche de la *Haute-Meule*, un incendie éclata à la fin du dix-huitième siècle, dans une des galeries, par suite de l'imprudence de deux ouvriers, qui s'endormirent sur la paille sans avoir soufflé leurs lumières : le feu se communiqua de la paille à des planches sèches, les galeries se remplirent de fumée et les deux houilleurs furent asphyxiés. Pour se garantir de la fumée et du feu, on éleva des barrages dans toutes les parties qui aboutissaient à l'atelier où l'incendie avait éclaté. Malheureusement, les piliers s'étant fendillés, la fumée se répandit dans les travaux et les ouvriers qui travaillaient dans le puits ne purent se sauver et périrent : il fut impossible de retirer leurs cadavres.

En 1810, un accident du même genre arriva dans la couche du *Moulin-à-Vent*. M. Berthier, ingénieur des mines du département de la Nièvre, donna l'ordre de boucher hermétiquement le puits, espérant que le feu s'éteindrait de lui-même. Deux mois après, il fit déboucher le puits, mais la fumée sortit avec une violence telle, qu'on fut obligé d'abandonner définitivement les travaux[1].

La découverte de la houille dans la concession de Commentry remonte à la fin du seizième siècle. Les extracteurs enlevaient la houille par travaux souterrains, en exploitant successivement les étages : à mesure que les mineurs descendaient, ils laissaient bien dans chaque étage une série de piliers pour soutenir les plafonds, mais ils ne remblayaient jamais. A la longue, les piliers diminuèrent de volume sous l'influence de l'air humide et de la pression des plafonds : il se produisit des éboulements qui furent suivis d'incendies, et malgré toutes les précautions prises, on n'a pu encore parvenir à arrêter les ravages du feu. On n'a pas voulu employer le système de l'inondation, à cause de l'importance des travaux; on s'est contenté de construire des barrages en grès non schisteux, par conséquent aussi réfractaire que possible, et d'exploiter les sels qui se dégagent de la houille et se déposent à la surface du sol en efflorescences blanchâtres[2].

1. Voir *Mémoire sur la description du bassin houiller de Decize* (Nièvre), par M. Boulanger. Paris, in-4.

2. Turbert, *Mémoire sur l'exploitation de la houille dans le bassin de Commentry*. Paris, 1853, in-8.

Dans le département de l'Aveyron, les gisements du terrain houiller sont au nombre de deux principaux : 1° le bassin d'Aubin ; 2° les bassins des bords du Lot et de l'Aveyron. Les matières pyriteuses qui se trouvent en abondance dans la houille de ces bassins lui donnent des propriétés pyrophoriques considérables, et les incendies souterrains y sont fréquents. A Monteils, à Fontaynes, à la Buègne et à Lassalle, l'embrasement est déjà fort ancien et porte presque jusqu'à la surface du sol la lueur de ses flammes.

La partie supérieure des collines incendiées est en général affaissée, déchirée dans tous les sens, et les fissures, souvent larges et profondes, laissent échapper des vapeurs acides brûlantes ou même enflammées, dont l'action sur les roches voisines donne naissance à des produits variés.

« Ces vapeurs se dégagent ordinairement sous forme de fumée très délétère, et répandent une forte odeur d'acide sulfureux ; leur composition doit être très compliquée, à en juger par la multiplicité des agents chimiques qui se trouvent en présence, et par les variations du degré de température auquel ces agents sont soumis, selon la distance plus ou moins grande qui les sépare du foyer de l'incendie. Les éléments dominants paraissent être les vapeurs aqueuses, bitumineuses et sulfureuses, mais on doit s'attendre à y trouver tous les produits volatils que fournit la distillation de la houille, sèche ou humide, avec ou sans le contact de l'air, comme l'azote, l'hydrogène carboné, le gaz oléfiant, l'hydrogène sulfuré, l'oxyde de carbone, les vapeurs huileuses, l'ammoniaque, etc. Quant aux produits solides de ces incendies souterrains, ils sont également fort nombreux et consistent principa-

Fig. 14. — Incendie de la houillère d'Astley, près Manchester.

lement en coke, dont on trouve de très beaux échantil-
lons extrèmement poreux et légers, en oxydule et peroxyde
de fer, en fer phosphaté, en fer métallique, en grès et
schiste torréfiés, en scories, porcellanites, émaux, en efflorescences mousseuses et aciculaires de soufre, de
sulfates d'alumime, de magnésie, de fer, etc., et en
masses terreuses boursouflées, blanches, jaunes ou rougeâtres des mêmes matières[1]. »

A Falizolles, entre Namur et Charleroi, un incendie
souterrain brûle depuis des siècles. Avant la concession
de cette région du terrain houiller, les habitants l'exploi-
taient pour leur compte personnel, ce qui occasionnait
des rixes parfois sanglantes, même dans les galeries. « Un
des moyens le plus volontiers employés pour tenir éloignés les concurrents était de projeter de vieux cuirs
sur un ardent brasier : cela dégageait une insupportable
odeur. Un jour, l'incendie se communiqua à la houille,
et depuis lors il n'a pas cessé de brûler[2]. » On aperçoit
le feu à travers les fissures, d'où se dégage de l'acide
sulfureux.

En Angleterre, il y a des feux souterrains à Astley,
à Dudley, etc. A Dudley, il existait jadis un incendie qui
échauffait assez la surface du sol pour fondre la neige à
mesure qu'elle touchait la terre. Dans le Staffordshire,
à Burning-Hill (colline brûlée), un phénomène semblable
se produisit : les habitants cultivaient sur la colline des

1. Boisse, *Esquisse géologique du département de l'Aveyron* (Paris, 1870, in-8). Les observations qu'on a lues et qui se rapportent
principalement au bassin d'Aubin sont vraies, en général, pour les
bassins des bords du Lot et de l'Aveyron.
2. Simonin, *op. cit.*, p. 169.

plantes tropicales, faisaient plusieurs récoltes par an; ils organisèrent en plein air une école d'horticulture. L'incendie s'éteignit tout à coup, les plantes tropicales s'étiolèrent, et il fallut revenir à la culture ordinaire.

Au nombre des incendies souterrains, il convient de ranger ceux qui se produisent au cours de l'exploitation des sources de pétrole[1]. Une simple étincelle, une allumette tombée par hasard, suffisent pour déterminer ces terribles catastrophes. « Tout d'abord, une effroyable détonation retentit... Une lueur prodigieuse éclaire l'horizon ... Le feu prend instantanément à tous les coins du derrick[2], et, comme les ondes impétueuses d'un fleuve

---

1. On sait que le pétrole, liquide huileux, noirâtre, brûlant comme la houille, se rencontre dans les terrains compris entre le bas Silurien et la période tertiaire. (Cf. Tissandier, *La Houille*, dans la *Bibliothèque des Merveilles*.)

2. « On appelle de ce nom une construction grossière de charpentes, que l'on élève à l'endroit où l'on suppose un forage fructueux. C'est un échafaudage en pyramide, haut d'une quinzaine de mètres, ayant à peu près trois mètres carrés à sa base, un mètre vingt centimètres à son sommet, et ressemblant beaucoup, en réalité, aux échafaudages servant à bâtir les hautes cheminées des fabriques ou à la carcasse de bois d'un petit clocher de village. Au sommet du derrick est une poulie munie d'une corde, au bout de laquelle est fixée la lourde sonde d'acier servant à forer un trou de quinze centimètres de diamètre, pénétrant à la hauteur voulue, pour atteindre l'huile, c'est-à-dire généralement à 150 ou 180 mètres. A quelques pas du derrick est une baraque qui renferme une machine à vapeur de la force de huit à dix chevaux, et qui, au moyen d'une courroie, met en mouvement une grande roue de bois placée sous le derrick, laquelle à son tour fait mouvoir une solide charpente de cinq mètres de long, suspendue comme un fléau de balance. Ce levier mobile élève et abaisse alternativement la corde à laquelle sont fixés les outils de forage. Quand on arrive à la nappe d'huile, si le précieux liquide ne jaillit pas, c'est encore ce mouvement qui sert à le pomper. » (Voir *Voyage au pays du pétrole*, par Alexis Clerc, in-12, 1882, p. 181 et 182.)

Fig. 15. — Incendie de pétrole en Pennsylvanie (1861).

débordé, de toutes parts la flamme gagne, irrésistible, tous ces matériaux imbibés d'huile de pétrole, secs, gras, parfaits pour l'incendie[1]. »

En 1861, à Idione (Pennsylvanie), un jet d'huile s'enflamma au contact d'un feu qui brûlait non loin du derrick : le liquide, s'élançant en gerbes de flamme, précipitait dans l'espace des cadavres mutilés, ou, s'écoulant en ruisseaux ardents, dévorait tout sur son passage.

Il est presque impossible d'éteindre complètement les incendies de ce genre ; on ne peut qu'atténuer leurs effets. On a sous la main des pompes à vapeur, des attelages, des appareils de toute sorte ; on cherche à noyer les flammes ou à les étouffer sous des monceaux de sable.

Au bout de quelques jours, on déblaye l'orifice des puits, et l'exploitation recommence.

1. *Voyage au pays du pétrole*, par Alexis Clerc, p. 183.

XXXVIII

LES INCENDIES DANS LES LANDES

Le vaste plateau triangulaire que limitent l'Océan, l'Adour, la Midouze, la Douze, l'Estampon, le Ciron et la Garonne, et qui appartient à la fois aux départements des Landes, du Lot-et-Garonne et de la Gironde, a été jadis recouvert par les eaux de l'Atlantique. Aujourd'hui les plaines de sable des Landes reposent sur une couche de tuf connu dans le pays sous le nom d'*alios*, et composé de sables agglutinés par un ciment formé de matières organiques.

« Cette couche imperméable retarde ou empêche l'écoulement des eaux, déjà retenues par la faible pente du sol, et transforme, en hiver, les parties basses du plateau en lagunes, en marais et en prairies mouillées semblables aux *bogs* d'Irlande ; on n'y avance qu'en sautant de l'un à l'autre les petits monticules élevés de quelques centimètres seulement au-dessus des flaques d'eau et formés de touffes d'herbes et de bruyères naines. Ainsi l'alios, en automne, en hiver, au printemps, fait des Landes une espèce de prairie tremblante, où se noient les récoltes, et d'où se dégagent, pendant l'été, des miasmes paludéens. Alors les sables [s'échauffent; ils volent en l'air au moindre souffle, et la lande rase[1] devient un Sahara torride.[2] » Pour peu que les chaleurs de l'été soient plus vives que de coutume, il se produit dans ces plaines des incendies fréquents. Il suffit d'une étincelle : le feu couve, s'élargit brusquement et éclate. Dès qu'il est aperçu par quelque fermier, la générale bat et donne l'alarme ; on accourt de tous côtés ; on se met à l'œuvre pour arrêter le fléau qui s'avance terrible, et parfois sur plusieurs kilomètres d'étendue ; à Damazan, à Castillonet. dans les landes d'Houillies et de Lugatet, l'incendie a pris souvent des proportions incroyables, dévorant sans pitié fermes, métairies, récoltes, broussailles. Le seul moyen de vaincre ce redoutable ennemi consiste à le circonscrire en creusant des tranchées larges et profondes.

Parfois aussi, le feu se déclare dans des landes plantées de pins ou de chênes-liège. La résine produit en se consumant une chaleur si vive qu'à cinquante mètres de distance il est impossible d'approcher : le soleil, le feu, la fumée font reculer les plus hardis. Mais là, on n'emploie plus le système des tranchées, on se sert de l'opération du *contre-feu ;* en d'autres termes, on brûle volontairement les pins qui s'élèvent du côté opposé à celui où s'est déclaré l'incendie : les deux feux, conduits rapidement l'un sur l'autre, s'anéantissent en se choquant[3].

---

1. Plaine nue, sans pins ni chênes-liège.
2. Joanne, *Géographie des Landes*, p. 6.
3. Au moment où les deux feux se rencontrent, l'incendie est tellement violent que les pommes de pin sont souvent projetées à des distances considérables.

Rien n'est plus triste qu'une.forêt de pins ainsi ravagée : la propagation des flammes est en général tellement rapide que le principe de vie seul disparaît ; l'arbre lui-même reste debout, dépouillé de ses feuilles longues et pointues.

XXXIX

Il existe peu de spectacles aussi grandioses qu'un incendie de forêt, dans un pays où la végétation est luxuriante, et lorsque les proportions de cet incendie sont considérables.

Transportez-vous par la pensée à cent mètres au-dessus du sol, et considérez cette lueur rougeâtre qui va en s'agrandissant à travers l'immense plaine couverte d'arbres, dont votre regard embrasse l'étendue. Depuis quelque temps, il règne sur la terre une insupportable sécheresse; il a fait, tout le jour, une chaleur insolite, et la fermentation des herbes sèches et des feuilles mortes qui jonchent le sol s'est développée peu à peu et a fini par déterminer un incendie. Le fléau s'est propagé avec la promptitude de l'éclair, et la lueur, d'abord, presque imperceptible, est devenue la mer de feu dont la vue horrible et majestueuse agit si violemment sur l'imagination. Qui peut nier que le mal ait parfois sa beauté, et que les plus affreuses catastrophes éveillent souvent en nous l'idée du sublime?

Dans quelques endroits cependant, la hauteur des arbres

"

a été un obstacle aux progrès de l'embrasement. Les herbes sèches et les feuilles mortes ont brûlé rapidement; elles n'ont pas eu le temps d'enflammer la tige, et les branches se sont trouvées trop élevées pour être atteintes. Aussi quelques paysans, placés sous le vent et armés de branches garnies de feuilles vertes qu'ils ont arrachées dans le voisinage, ont frappé et abattu l'herbe embrasée. Cette simple opération a suffi pour les rendre maîtres de la situation. Afin de ne pas être incommodés par l'ardeur des flammes, quelques-uns de ces travailleurs ont revêtu des blouses mouillées et des chapeaux à bords très larges.

Mais partout ailleurs, le feu a pris un développement et une intensité tels qu'il a fallu recourir à des moyens plus énergiques : il a été nécessaire de creuser une tranchée et de rejeter la terre du côté du foyer; de cette manière, les buissons, les feuilles et les herbes ont été recouverts. Ou bien, on a abattu les arbres et on les a jetés du côté opposé au feu, de façon à déboiser une certaine étendue de terrain et à priver les flammes de tout aliment nouveau. C'est le même procédé que l'on emploie lorsqu'on fait sauter des maisons pour isoler le foyer d'incendie et empêcher le feu de se propager dans un quartier ou dans une ville.

On trouve dans certaines relations de voyages le récit d'incendies de forêts plus ou moins remarquables.

M. Frédéric Whymper fut témoin d'un accident de ce genre en 1864, pendant qu'il visitait la Colombie anglaise. Les épaisses forêts de cette partie de l'Amérique septentrionale présentent un aspect particulier: ici, la végétation étonne par son abondance; là, règne une désolation ab-

Fig. 16. — Un incendie de forêt dans la Colombie anglaise (1864)

solue. Des troncs brisés, vermoulus, des arbres déracinés
par la tempête, des amas de mousse, de verdure, de
broussailles, de feuilles mortes, des débris de toute espèce
encombrent le sol et le rendent souvent impraticable. A
côté s'élèvent des cèdres, des sapins, des pins Douglas
d'un diamètre et d'une hauteur véritablement gigantesques. — Aux premiers jours du mois de mai 1864,
M. Whymper, naviguant dans le canal de Dodd sur un
simple *Kanim* (canot fragile en bois de cèdre), fit une
halte pour prendre le thé, et campa avec le petit gro pe
de ses compagnons au pied d'une île rocheuse. Tout à
coup quelques étincelles, jaillissant du feu du campement,
allumèrent de la mousse sèche qui à son tour embrasa
des broussailles : en un clin d'œil la forêt qui couronnait
l'île fut en flammes.

« Nous avions repris la mer, dit M. Whymper, et
poussés par un vent favorable, nous nous éloignions rapidement de l'île; pendant plusieurs heures, nous vîmes des
gerbes brillantes s'élancer vers le ciel, puis un nuage de
fumée ferma l'horizon du côté du rivage. »

Ces incendies, qui durent quelquefois deux ou trois se-
maines, forment un magnifique spectacle, mais souvent
ils ont ruiné des colonies naissantes[1].

En Algérie, la propriété boisée, que l'on peut évaluer
à deux millions d'hectares et qui consiste principalement
en forêts de chênes-liège, est fréquemment ravagée par le
feu : de 1860 à 1881, quatre cent mille hectares ont été
brûlés.

On croit que ces incendies, si préjudiciables aux colons

1. V. le *Tour du Monde*, livraison du 10 octobre 1869.

agriculteurs, ont le plus souvent pour cause la malveillance des Arabes ; ce qui le prouverait, c'est qu'en général ils sont allumés le même jour, à la même heure, sur toute une portion de territoire. Pendant la deuxième quinzaine d'août 1881, le feu détruisit la presque totalité des forêts du département de Constantine, et sur vingt-deux incendies, dont on a pu connaître la cause, dix-huit doivent être attribués aux Arabes, pour lesquels ces actes barbares sont pour ainsi dire une forme d'insurrection. Ces incendies avaient pris naissance sur trois points principaux : 1° le territoire des Ouled-el-Hadj (cantonnement de Collo) ; 2° le territoire des Beni-Touffout (cantonnement de Djidjelli) ; 3° le territoire des Aït-Anan (cantonnement de Bougie). Il y avait autour de Philippeville un véritable cercle de feu, qui heureusement « ne dévorait que des broussailles non comprises dans le sol forestier[1]. »

A la suite de cette dernière calamité, le Gouvernement général prit des mesures de préservation : mais que peuvent des décrets contre le fanatisme ?

1. Émile Martin, *Exposé de la situation générale de l'Algérie* (Alger, 1881), p. 22.

XL

LES INCENDIES DE CAMPOS, AU BRÉSIL

La répartition des pluies et l'humidité relative qui en résulte fait qu'il y a au Brésil deux climats : celui de l'intérieur, où règne une longue saison de sécheresse, et celui des côtes, où les eaux pluviales sont très fréquentes. Il résulte de cet état de choses que la flore est, sur les côtes, remarquable par un grand développement de la végétation forestière, tandis qu'au centre du pays on ne trouve que de vastes pâturages où poussent çà et là quelques rares bouquets d'arbustes : les Brésiliens donnent à ces pâturages le nom de Campos[1].

A part quelques provinces, tout le système de l'agriculture brésilienne est fondé sur la destruction des forêts, et où il n'y a point de bois, il n'y a point de culture. Les paysans choisissent un terrain, puis au lieu de le défricher, ils coupent à hauteur d'appui les arbres qui le couvrent. Ils laissent passer la saison des pluies pour donner aux branchages le temps de sécher, puis ils y mettent le feu, car ils emploient comme engrais les cendres

---

1. Em. Liais, *Climats, géologie, faune du Brésil* (Paris, 1872, gr. in-8), p. 598 et 599.

des végétaux. Le terrain ensemencé offre alors un étrange aspect : la terre est couverte de cendres, de charbon, de branches à demi consumées, d'où sortent des troncs noircis et dépouillés de leur écorce.

Quand on a fait deux récoltes dans une terre jadis couverte de bois vierge, on la laisse reposer; on fait croître pendant plusieurs années des arbres qu'on coupe ensuite à hauteur d'appui et qu'on brûle comme les premiers; puis, on plante dans leurs cendres. On recommence la même opération jusqu'à ce que le sol soit épuisé, et à la fin, où s'élevaient des arbres gigantesques entrelacés de lianes, on ne découvre plus que des campagnes immenses et nues, des plaines accidentées parfois de quelques touffes d'arbustes, en un mot des campos artificiels[1].

Quant aux campos naturels, ils se trouvent dans la région qu'arrose le Rio-Parahiba, l'ancienne patrie des Goaitakazes.

Ce n'est pas seulement au Brésil que ce système de destruction, lequel tend de plus en plus à disparaître, a été mis en pratique. Il y a vingt-cinq ans environ, les colons de la Havane anéantissaient encore une grande partie des forêts pour établir à leur place des sucreries qu'ils cultivaient pendant quelque temps. Dès que la couche végétale du terrain commençait à se fatiguer, ils abattaient d'autres forêts et transportaient le matériel de la sucrerie sur le sol nouvellement défriché.

M. Biard, qui visita le Brésil en 1858-1859, a raconté de la manière suivante l'incendie d'une forêt vierge, volontairement allumé par les indigènes.

1. Voir *Mémoires du Muséum d'Histoire naturelle*, tome XIV, p. 85-93.

Fig. 17. — Incendie d'une forêt vierge au Brésil (1857)

« On avait abattu, dit-il, une grande partie de bois : le moment vint d'achever avec le feu ce qu'avait commencé la hache. Pour cette opération on avait choisi une journée très chaude et où soufflait un certain vent de l'est, je crois. A l'heure convenue, tous les domestiques de la case et d'autres attirés par la cachasse que l'on distribue généralement à cette occasion, s'assemblèrent, armés de torches. Je cherchai une place favorable, et je me mis en mesure de peindre. Des amas de vieux troncs d'arbres, de branches, de feuilles, desséchés par le soleil pendant six mois, s'enflammèrent de tous côtés. Les torches excitaient l'incendie dans les endroits où il n'était pas assez rapide. Ces hommes, rouges et noirs, s'agitant, courant à travers la fumée, donnaient une idée du sabbat : le feu montait en serpentant jusqu'aux cimes des arbres que n'avait point frappés la hache, et ces arbres, ainsi flamboyants, ressemblaient à des torches gigantesques. Je ne savais par où commencer, tant s'élançaient, se mêlaient et se succédaient avec impétuosité les tourbillons de fumée et de flammes... Il y eut un instant où le vent venant à changer subitement de direction, je fus enveloppé d'étincelles brûlantes. J'eus à peine le temps de me sauver avec ma boîte de couleurs et mon papier, mais en abandonnant mon chapeau et mon siège de campagne... Je revins plus tard, et, cette fois, assis commodément sur une pointe de rocher, je contemplai sans péril un admirable spectacle. Plusieurs arbres étaient encore debout, n'attendant que le moindre souffle de vent pour s'écrouler : le feu rongeait leur base. Je fermais à moitié les yeux en suivant les progrès lents du feu, et je ne les ouvrais tout à fait que lorsque l'arbre perdait son point d'appui. Alors d'immenses nuages de cendres s'élevaient, le bruit de la chute se répétait au loin, et des cris perçants y répondaient ; c'étaient ceux des chats sauvages et des singes fuyant ces lieux autrefois leur domaine[1]. »

Un autre voyageur, M. Möllhausen, a donné, dans son *Voyage du Mississipi aux côtes de l'Océan Pacifique*, le récit d'un incendie de prairie près de la rivière Walnut-Creek. Le 22 août 1854, la caravane dont il faisait partie quittait le fort Arbuckle pour atteindre le Rio Grande. « Le chemin, surtout en approchant de la rivière Walnut-Creek, se déroulait tantôt à travers des gorges profondes, sillonnées par des ruisseaux alors desséchés, sur le bord desquels croissaient des saules et des chênes rabougris, tantôt par-dessus des collines couvertes d'un fort gazon.

« C'est dans ce gazon que les voyageurs virent tout à coup surgir des nuages de fumée, chassés par le vent d'ouest au-dessus de leurs têtes. La prairie était en flammes, sans aucun doute ; on se mit en sûreté avec les bagages et les bêtes de somme au fond d'un ravin dépouillé de toute espèce de végétation, et chacun contempla avec saisissement l'incendie promenant de tous côtés ses fureurs.

« Ces incendies sont quelquefois occasionnés par le hasard ou par la négligence des voyageurs et des chasseurs ; mais, d'ordinaire, c'est à dessein que les habitants des prairies mettent le feu à de grands espaces, afin d'obtenir un gazon plus jeune et plus vigoureux. Au bout de quelques jours, on voit déjà poindre une herbe tendre

1. V. Le *Tour du Monde*, 1861, p. 37.

Fig. 18. — Incendie de prairie (p. 220).

dont la verdure cache les endroits noircis et calcinés
par le feu, et quand ce gazon a poussé, les Indiens s'y
rendent avec leurs troupeaux après avoir mis le feu
dans d'autres directions.

« Par malheur, ces incendies prémédités tournent souvent au détriment des Indiens et détruisent le bétail et
le gibier ; car, si l'homme peut à son gré enflammer cet
océan de gazon, il est hors de la puissance humaine de
diriger le feu, surtout quand un orage s'élève et chasse
les flammes sur des espaces immenses.

« La nuit tombante nous fit assister à un spectacle sublime que ni la plume ni le pinceau ne peuvent rendre.
Le ciel sombre paraissait encore plus noir à côté de l'é-
clat des flammes, qui coloraient d'une teinte rougeâtre
les nuages de fumée s'élevant de toutes parts ; mais cette
couleur changeait continuellement, selon l'ardeur du vent
ou l'abondance de la végétation. Un bruit effroyable ac-
compagnait l'incendie : ce n'était ni le tonnerre, ni le
sifflement du vent, c'était un bruit sourd, pareil à celui
qui résonne quand des milliers de buffles ébranlent la
terre en fuyant.

« L'Indien expérimenté regarde tranquillement la fumée qui tourbillonne et passe au-dessus de sa tête, présage d'un incendie imminent. De la place qu'il a choisie,
place assez grande pour le recevoir et d'où il a pris soin
d'écarter toutes les matières inflammables, il met le feu
devant lui et en suit attentivement les progrès. Malheur
à celui qu'un de ces incendies surprend à l'improviste !
En vain il compte sur la rapidité de son cheval pour
échapper au danger. Les hautes herbes lui fouettent les
épaules, les jambes de son cheval s'embarrassent dans

les chaumes et les lianes, et coursier et cavalier périssent victimes de l'impitoyable ennemi. Le Peau-Rouge lui-même, qui plaisante les vaincus à terre, tremble à la pensée du feu, et quand vous lui demandez s'il a peur, le plus fier guerrier secoue la tête et dit à voix basse : « N'éveillez pas la vengeance du grand Esprit, car il est « en possession d'un élément terrible [1]. »

1. *Le Tour du Monde*, T. I, p. 340-341.

DEUXIÈME PARTIE

LA LUTTE CONTRE L'INCENDIE

I

L'ORGANISATION DES SECOURS CONTRE L'INCENDIE

L'organisation des secours contre les incendies n'est pas une institution nouvelle. A Rome, la création d'un service destiné à prévenir les effets du feu date vraisemblablement du quatrième siècle, après l'incendie particl de Rome par les Gaulois. Ce furent d'abord les édiles proprement dits qui prirent ou ordonnèrent toutes les mesures capables de préserver la ville; mais l'immensité de Rome, et l'étendue des fonctions des édiles nécessitèrent la création de magistrats inférieurs, appelés *Triumviri nocturni*, puis *Decemviri nocturni*, suivant leur nombre. Ceux-ci commandaient à des postes d'esclaves publics et de gardes de nuit salariés; ils avaient le droit de faire des réquisitions, en cas d'urgence, parmi les serviteurs du domaine public.

Auguste organisa le premier un corps de veilleurs régulièrement constitué : il donna aux édiles curules le commandement de 600 esclaves qui faisaient des rondes pendant toute la nuit et combattaient les incendies. Plus tard, il mit ces esclaves sous les ordres des 14 curateurs des régions, plus nombreux que les édiles curules ; enfin, il remplaça les 600 esclaves par 7 cohortes de soldats affranchis (*libertinus miles*), lesquels formèrent un corps de *vigiles* dirigé par un magistrat spécial. Les fonctions du *præfectus vigilum*[1] consistaient à juger les incendiaires, à réprimander ou à punir les citoyens négligents. Cette institution était fort utile, car malgré la déesse Stata, dont les statues se voyaient dans tous les quartiers parce qu'elle était censée arrêter les ravages du feu, les incendies étaient à Rome extrêmement fréquents.

Les maisons, du moins celles des riches, possédaient un esclave-guetteur, qui sonnait la cloche d'alarme et criait : « A l'eau ! A l'eau ! » dès qu'un incendie se déclarait. Les passants ou la patrouille (s'il en passait une dans le moment) avertissaient la cohorte voisine, qui accourait avec les *siphi* (pistons) publics, avec des échelles, des seaux, des balais de chiffons, des crampons, des haches et du vinaigre. Les jeunes garçons de la plèbe couraient en criant : « *Sparteoli ! Sparteoli !* » sobriquet donné aux *vigiles*, parce que leurs seaux étaient faits de sparte poissé à l'intérieur. Parfois, des usuriers profitaient de la panique pour acheter à vil prix des maisons qui semblaient menacées sans l'être réellement, et les revendaient ensuite à un prix usuraire[2].

1. Appelé dans la suite *nyctostrategus*.
2. Voir *Digeste*, I, 15 ; Tite-Live, IX, 46, et XXXIX, 14 ; Strabon , V,

Les successeurs d'Auguste perfectionnèrent l'organisation des corps de *vigiles* et étendirent cette utile institution aux principales villes de l'empire. A l'occasion de l'incendie de Nicomédie, Pline indiqua à Trajan un moyen à employer pour éviter le retour de semblables catastrophes.

« Pendant que je visitais ma province[1], écrivait Pline, un incendie affreux a consumé à Nicomédie non seulement plusieurs maisons particulières, mais même deux édifices publics, la Maison de ville et le Temple d'Isis, quoique la rue fût entre les deux. Ce qui a porté le feu si loin, c'est la violence du vent et la paresse du peuple, qui certainement dans un si grand désastre est demeuré spectateur oisif et immobile. D'ailleurs il n'y a dans la ville ni pistons publics, ni crocs, enfin nul autre des instruments nécessaires pour éteindre les embrasements. On aura soin qu'il y en ait à l'avenir : j'en ai donné l'ordre. C'est à vous, seigneur, à examiner s'il serait bon d'y établir une communauté de cent cinquante artisans ; j'aurai soin que l'on n'en reçoive point qui ne soit de la qualité nécessaire et que l'on n'abuse point de cette institution, et il ne sera pas, en effet, difficile de contenir un aussi petit nombre[2]. »

« Il vous est venu dans l'esprit, répondit Trajan, qu'on pouvait établir une communauté à Nicomédie, à l'exemple de plusieurs autres villes. Mais n'oublions pas que cette province, et principalement les villes, ont été fort trou-

3, 8 ; Suétone, *Octav.*, 30 ; *Frag. Jur. Rom. Vatic.*, 144 ; Dezobry, *Rome au siècle d'Auguste* ; Plaut., *Amp.*, I, 1, 198 ; Cic., *Verr.*, II, 4, 43 ; etc., etc.

1. Pline était préfet de la province de Bithynie (cap. Nicomédie).
2. Pline le Jeune, *Lettres*, X, 42.

blées par ces sortes de communautés. Quelque nom que nous leur donnions, quelque raison que nous ayons de former un corps de plusieurs personnes, il se fera des assemblées, quelque courtes qu'elles soient. Il est donc plus à propos de se munir de tout ce qui est nécessaire pour éteindre le feu, d'avertir les maîtres de maison d'y prendre garde soigneusement, et de se servir des premiers qui se présenteront, quand le besoin le demandera[1]. »

Il exista en effet des communautés[2] en Grèce, en Afrique et à Constantinople, lorsque cette ville fut devenue la capitale de l'empire.

Des inscriptions trouvées dans le palais Barberini, à Rome, démontrent l'existence de *vigiles* à Nîmes, où ces fonctionnaires portaient le nom de *matricarii*. Il est donc logique d'admettre que les principales cités de la Gaule romaine possédaient des corps réguliers de gardes de nuit.

Ce qui pourra surprendre, c'est que cette institution, loin de se perfectionner avec le temps, tomba presque complètement en désuétude dans la Gaule, pendant la première moitié du moyen âge. Pourtant, les incendies étaient fréquents, surtout durant l'époque féodale proprement dite, ce qui s'explique aisément si l'on veut bien se rappeler les guerres incessantes que se faisaient réciproquement les seigneurs. Les ordonnances des rois des deux premières races renferment assez souvent des dispositions concernant les incendiaires[3], mais on ne

1. Pline le Jeune, X, 43. — 2. *Collegium.*
3. Voir *Capitularia regum Francorum*, d'Étienne Baluzius (in-fol. 1780).

voit aucun de ces souverains prendre l'initiative de mesures destinées à prévenir les effets du feu. Il faut néanmoins faire une exception pour Karl le Grand, qui chargea, sous peine d'amende, un certain nombre d'habitants de chaque ville de veiller à la sécurité commune (803).

C'était l'usage, chaque fois qu'un incendie se déclarait, de porter sur le lieu du sinistre le saint-sacrement et de jeter dans les flammes le *corporal*, linge consacré dont on se servait pour placer le calice sur l'autel. Cette coutume se conserva jusqu'au dix-septième siècle, et mademoiselle de Montpensier raconte qu'en 1660, le feu ayant pris au Louvre, « on y porta le Saint-Sacrement de Saint-Germain l'Auxerrois, qui en est la paroisse; dans le moment qu'il arriva, le feu cessa[1]. »

Enfin, au mois de décembre 1254, une ordonnance de Louis IX « autorisa les gens de métier de Paris à faire le guet pour assurer la sécurité de la ville à tous les points de vue, c'est-à-dire aussi bien pour veiller aux incendies que pour empêcher les vols et les attaques nocturnes qui se multipliaient dans une effrayante proportion. Il existait déjà un guet dit royal, mais il n'était composé que de 40 sergents à cheval et autant à pied. C'était ce que l'on appelait les chevaliers du guet. La sûreté publique fut protégée par le fonctionnement simultané de ces deux guets. Plusieurs arrêts successifs énumérèrent les corps de métiers chargés du service et firent impitoyablement justice des prétentions de ceux qui cherchaient à s'y soustraire. Philippe le Bel mit le guet bourgeois sous le contrôle du guet royal ou du sergent du Châtelet. Il fixa à 60 le nombre des sergents à cheval, et à 90

1. *Mémoires*, Collect. Michaud, p 364.

celui des sergents à pied. En même temps, on régla d'une manière très sévère les devoirs de tous. En cas d'incendie, il fut prescrit au guet bourgeois de se joindre au prévôt de Paris, chargé de diriger les secours. La durée de cette corvée pouvait n'être que de deux mois, au bout de laquelle le prévôt avait la faculté, s'il le jugeait à propos, de renouveler ses auxiliaires, dont il lui était ordonné d'inspecter chaque année le personnel. On sait combien, à ces époques toujours agitées par des guerres extérieures ou des discordes civiles, les institutions, même les plus utiles, avaient peine à se conserver, désorganisées par les abus, par les rivalités des autorités et surtout par l'apathie de certains souverains. Le guet subit le sort de toutes les institutions, et le roi Jean, par une ordonnance de 1363, dut le réorganiser sur un pied plus complet, en même temps qu'il détermina largement ses attributions. Le guet ne consista plus uniquement en patrouilles, mais un certain nombre de postes fixes fut affecté au guet assis, qui dut prêter main-forte aux autres. »

Des exemptions illégales ayant été délivrées par les clercs du guet, Charles VII mit fin à cet abus en 1491. Trente-trois ans plus tard (1524), le Parlement rendit un arrêt qui réglait les obligations des *quarteniers*[1]. Ces

---

1. De nombreux incendies, attribués au connétable de Bourbon, désolèrent la France en 1524. Meaux ayant été détruite et le feu semblant se rapprocher de Paris, le parlement prit des mesures extraordinaires, ordonna qu'on fît des provisions d'eau dans chaque maison, qu'on bouchât les soupiraux des caves et qu'on allumât des lanternes aux fenêtres à partir de neuf heures du soir. Une somme de seize livres parisis fut déposée entre les mains de Jean Croquet, un des échevins, et promise à celui qui découvrirait l'auteur de la conspiration à laquelle on attribuait tous ces incendies simultanés.

quarteniers étaient des fonctionnaires chargés du service des incendies dans les différents quartiers ; ils étaient tenus d'avoir toujours chez eux des échelles, des seaux, des crocs, et de veiller à l'entretien et au remplacement de ces divers objets[1]. Différentes ordonnances, entre autres un édit de François Ier en 1539, et un règlement d'Henri II en 1559, apportèrent successivement quelques modifications à l'organisation du guet et des gardes bourgeoises, lesquelles furent licenciées par Charles IX.

A la mort d'Aubray, lieutenant civil du prévôt de Paris, le roi scinda son office et ne voulut pas que la justice et la police fussent désormais placées sous la direction d'un seul magistrat. Par un édit du 15 mars 1667, il supprima l'office de lieutenant civil, tel que l'exerçait d'Aubray, et créa deux charges nouvelles, dont les titulaires furent appelés *Lieutenant civil du prévôt de Paris* et *Lieutenant du prévôt de Paris pour la police*. Ce dernier fut chargé de connaître de tout ce qui regardait la sûreté de la ville, prévôté et vicomté de Paris, et de donner des ordres en cas d'incendie ou d'inondation.

En résumé, l'organisation des secours contre l'incendie se perfectionna peu à peu depuis la seconde moitié du seizième siècle jusqu'en 1699, époque où, comme nous allons le voir, furent établies des pompes portatives. Les

---

1. Au moyen âge, la propriété était souvent exposée non seulement aux incendies causés par l'imprudence, mais encore à des incendies provoqués par la malveillance. C'est ainsi que sous Charles VI, des brigands soudoyés par les factions ou par les ennemis de l'État et connus sous le nom de *boute-feux* parcouraient les provinces pour incendier les villes opposées au parti ou à l'étranger qui les employait. Lorsque l'adminitration prévoyait quelque machination de ce genre, elle recommandait aux habitants de tenir à leur porte des vases pleins d'eau et à leurs fenêtres des lanternes allumées.

incendiés eux-mêmes furent l'objet de la sollicitude de l'administration : le prévôt et le parlement provoquaient en leur faveur des quêtes dans les paroisses; on les logeait et on les nourrissait; il était sursis au payement de leurs dettes, et lorsque les dégâts étaient considérables, la munificence royale contribuait au soulagement des infortunes particulières[1].

Nous savons, par une ordonnance de police du 7 mars 1670 et par une ordonnance du prévôt des marchands du 31 juillet 1681, que le commissaire de police de chaque quartier « devait requérir l'assistance des maîtres des divers métiers concernant le bâtiment par une sommation expresse. Cette sommation restant presque toujours sans effet, en raison de l'absence habituelle de l'entrepreneur, on avait recours au tocsin, lequel faisait accourir sur le théâtre de l'incendie, indépendamment des maîtres, des masses d'ouvriers, de compagnons et d'apprentis. Des outils propres à éteindre l'incendie étaient déposés dans tous les quartiers de Paris, au domicile des conseillers de ville, des quarteniers, des anciens échevins, des cinquanteniers, des dizainiers et de plusieurs notables bourgeois. L'eau, dont le secours est si nécessaire dans de pareils dangers, était tirée non seulement des fontaines, mais des puits. Les propriétaires des maisons qui renfermaient ces puits étaient tenus, sous peine d'amende, de les tenir garnis de cordes et de poulies, ainsi que d'un ou plusieurs seaux[2]. »

1. Delamare, *Arrêt du 10 oct. 1621*, t. IV, p. 161.
2. Frégier, *Histoire de la police de Paris*, t. II, p. 536.

On conçoit aisément tout ce qu'avait de défectueux un pareil mode d'organisation. Ce fut seulement au mois d'octobre 1699 que Louis XIV jeta les bases d'une institution réellement solide, en accordant au sieur François du Mouriez du Perrier, commissaire ordonnateur des guerres, le privilège exclusif de faire et de vendre, pendant une période de trente ans, dans toute l'étendue du royaume, des pompes portatives telles qu'on en voyait fonctionner en Hollande, en Angleterre et en Allemagne. Puis une ordonnance en date du 12 janvier 1705 prescrivit le tirage d'une loterie, dont le produit serait affecté à l'achat de douze pompes à incendie pour la ville de Paris. Ces pompes, déposées dans des couvents, furent commises à la garde des moines qui, en cas d'incendie, traînaient eux-mêmes le matériel sur le lieu du sinistre.

« En 1716, lisons-nous dans le *Moniteur de l'armée*, on comptait vingt pompes, mais déjà en assez mauvais état ; une ordonnance royale du 23 février en porta le nombre à trente-six et commit trente-six hommes, exercés à ce service, pour les mettre en activité et diriger les manœuvres, moyennant une allocation annuelle de 6000 livres, applicables aux frais d'entretien et d'exploitation. » Tous les six mois, le public fut averti, par des affiches posées au coin des rues, des endroits où se trouvaient les pompes et de ceux où demeuraient les gardiens.

De ces trente-six pompes, il n'en restait plus que treize en 1722 : des lettres patentes sur arrêt portèrent que dix-sept appareils nouveaux seraient fournis par du Perrier et que soixante hommes, vêtus d'une manière uniforme, seraient spécialement chargés du service des incendies. Depuis cette époque, des progrès sensibles se réalisèrent rapidement, et l'on ne peut que signaler ici les principales ordonnances modifiant le personnel des gardes-pompes et le fonctionnement de ce corps :

1770. Le corps est porté à 146 hommes payés et à 14 surnuméraires non payés. Il y a seize corps de garde.

1777. Établissement des grades de lieutenant et de chirurgien-major.

1785. Le corps est porté à 220 hommes.

On sait que, dès le début de la révolution, la mairie de Paris, sous les noms d'assemblée de la Commune et de Municipalité, commença à jouir de tous les droits exercés auparavant par l'hôtel de ville et le lieutenant de police. La municipalité, distincte de l'assemblée de la commune, se composa de soixante membres[1] formant par leur réunion le *Conseil de ville*, qui se partageait en un bureau de ville, en un tribunal contentieux et en huit départements.

Le huitième de ces *départements*, celui de la garde nationale parisienne, fit publier au mois de décembre 1789 un règlement concernant le service des incendies, dont le *Moniteur*[2] a reproduit les articles :

1° En cas d'incendie, les commandants des postes feront battre la caisse dans l'arrondissement du bataillon où sera le feu ; alors la compagnie du centre et les volontaires prendront les armes, et se porteront sur la place désignée pour l'assemblée du bataillon.

2° Dès que le bataillon sera assemblé, si son commandant ne s'y trouve pas, le plus ancien officier ou bas-of-

---

1. Sans compter le maire ni le commandant général.
2. V. le *Moniteur* du 11 décembre 1789.

ficier présent en prendra le commandement et se portera sur-le-champ au lieu de l'incendie ; le tiers de la troupe sera armé pour faire la police, et le reste sera sans armes pour prêter les secours nécessaires.

3° La garde à cheval, la plus proche de l'incendie, détachera des cavaliers aussitôt qu'elle s'apercevra ou sera avertie du feu, pour aller avertir M. le maire, M. le commandant général, M. le major général, le commandant de la cavalerie et le major de la division. Un de ces cavaliers, après s'être assuré si c'est un feu de chambre ou de cheminée, en préviendra sur-le-champ le chef du corps de garde des pompiers, et ensuite le commandant en chef des pompiers, avec lequel il reviendra au lieu de l'incendie.

4° On ne battra jamais la générale pour l'incendie, et on ne fera sonner le tocsin que d'après l'ordre du major général, sur l'avis qu'il en aurait reçu du commandant en chef des pompiers.

5° Les commandants des postes dans le district desquels sera le feu détacheront la moitié de leurs gardes au lieu de l'incendie ; les deux tiers seront sans armes, le reste sera armé pour y faire la police jusqu'à l'arrivée du bataillon du district ; alors ils se retireront à leurs postes respectifs.

6° Les officiers de l'état-major général, et celui de la division où sera le feu, se porteront au lieu de l'incendie pour y faire observer l'ordre si nécessaire dans ces malheureuses circonstances, et encourager et diriger les travailleurs.

7° Il sera envoyé par chaque compagnie des autres bataillons de la division où sera le feu quatre hommes

armés et huit hommes sans armes, conduits par un officier ou bas-officier armé, pour faire la police.

8° Il sera également détaché de chacune des compagnies des cinq autres divisions d'infanterie deux hommes
armés et quatre hommes sans armes, conduits par un
bas-officier armé.

9° Chaque capitaine de cavalerie enverra un maréchal
des logis, deux brigadiers et six maîtres pour écarter la
foule dans les différents débouchés et maintenir le bon
ordre dans les approches du feu.

10° Les secours à l'incendie, ordonnés par les articles
7, 8 et 9 du présent ordre, ne seront envoyés que par
les ordres du major général, auquel le commandant en
chef des pompiers en aurait fait connaître la nécessité ;
cette précaution ayant pour objet d'éviter aux soldats-
citoyens des fatigues inutiles, et cependant de les faire
arriver au besoin.

11° Les gardes et patrouilles redoubleront de vigilance
et d'activité dans leurs arrondissements pour y maintenir
la police et le repos public.

12° Les troupes de service à l'incendie y resteront
jusqu'à ce que le major général les fasse avertir par un
cavalier de rentrer.

13° Les officiers de service à l'incendie s'entendront
avec le commandant en chef des pompiers pour diriger les
travaux contre l'incendie, et lui donneront les hommes
nécessaires pour le travail des pompes.

14° Tous les commandants de bataillon et les capitaines
de cavalerie enverront un soldat d'ordonnance au major
général, qui fera relever les différents détachements par
leurs bataillons respectifs, dans le cas où l'incendie

durerait plus de six heures ; pour cet effet, les commandants de bataillon et les capitaines de cavalerie auront attention de tenir toujours prêt à marcher un pareil détachement à celui qui est au feu : ce détachement ne marchera cependant que d'après l'ordre du major général.

15° Dans le cas où l'incendie menacerait de durer longtemps, le commandant en chef des pompiers en préviendra le major général, qui fera entrer le bataillon dans l'arrondissement duquel sera le feu, et y suppléera, s'il le croit nécessaire, par les neuf autres bataillons de la division ou même par tous les bataillons de la garde nationale.

Dans tous les cas, ce bataillon fournira, douze heures après son départ, le même nombre d'hommes que les neuf autres bataillons de sa division, lesquels seront relevés toutes les quatre heures, comme le reste de la troupe, ou plus souvent, si le major général l'ordonne.

16° Lorsque le feu ne sera pas considérable et que le commandant en chef des pompiers assurera qu'il n'y a pas de danger, on n'y enverra des secours que des bataillons de l'arrondissement où sera le feu, et de la manière ordonnée par le présent ordre.

17° Les officiers veilleront particulièrement à ce qu'il ne soit fait aucun tort aux propriétaires et locataires des maisons incendiées, et feront arrêter ceux qui seraient munis de quelques effets : ils en rendraient compte au major général, qui les enverra au comité de police pour être punis suivant la rigueur des ordonnances.

18° Pour veiller également à la sûreté des citoyens des rues voisines de l'incendie, le major général fera faire de fréquentes patrouilles, qui parcourront ces différentes rues pour arrêter tous ceux qui, sous prétexte de tirer de l'eau aux puits des maisons, y entrent souvent dans l'intention d'y voler. Ces patrouilles favoriseront en même temps les porteurs d'eau, qui souvent sont arrêtés et conduits par le peuple au lieu de l'incendie, ce qui n'est d'aucune utilité.

19° Il est d'autant plus essentiel de tenir la main à l'exécution de l'article précédent, que les dépôts d'eau, qui sont en grand nombre dans Paris, suffisent au delà pour l'incendie le plus considérable.

20° Les patrouilles empêcheront et disperseront toute espèce d'attroupements, qui se font toujours sous prétexte d'aider dans les travaux, et dont on n'a nullement besoin, le nombre de la troupe étant assez considérable.

21° Les commandants des différents postes d'infanterie de la garde nationale donneront le nombre d'hommes nécessaire, tant pour le transport des pompes que pour avertir aux différents dépôts d'eau contre l'incendie, et ce, sur la demande des chefs-pompiers, avec lesquels il est de la dernière importance de bien s'entendre; en conséquence, il est expressément défendu à tous particuliers d'exiger des secours des corps de garde éloignés de l'incendie, lesquels ne doivent se joindre à ceux qui en sont voisins que d'après les ordres qu'ils en auraient reçus de leur commandant, ou sur la simple demande du chef-pompier arrivé le premier au feu. Cette défense a pour objet de ne point dégarnir inutilement des quartiers dans lesquels il pourrait y avoir également un incendie.

22° Le major de la division où sera le feu s'arrangera de manière qu'il y ait, près du major général, deux ou

trois aides-majors de sa division, lesquels seront particulièrement chargés par le major général d'aller rendre
compte à M. le maire et à M. le commandant général des
progrès ou de la diminution du feu, et généralement de
tous les événements auxquels l'incendie aurait donné lieu.

En 1792, l'effectif du corps fut composé d'un officier
commandant, d'un lieutenant, de deux sous-lieutenants,
de trois adjudants, de 27 brigadiers, de 27 sous-briga-
diers, de 28 appointés et de 174 gardes. Ces 263 hommes furent armés de sabres, et commis à la manœuvre
de 44 pompes foulantes, de 12 aspirantes et de 42 tonneaux.

En 1793, un décret du 20 avril déclara que doréna-
vant le commandement et les grades seraient donnés au
concours. Peu [après, le corps fut réorganisé et le
matériel augmenté de 4 pompes et de 12 tonneaux. Le
régiment comprit trois sections faisant la garde à tour
de rôle; on lui donna un drapeau, et il figura dans les
fêtes et les cérémonies publiques.

Le 27 février 1795 (9 ventôse an III), le nombre des
gardes-pompes fut porté à 376 hommes, formant trois
compagnies; le corps reçut les vivres, mais les hommes
continuèrent à loger en ville jusqu'au 6 juillet 1801,
époque à laquelle le régiment fut réorganisé sur le pied
de 293 hommes et placé sous les ordres du préfet de
police pour le service, sous la surveillance du préfet de
la Seine pour l'administration. Il fut permis à tous ceux
qui, au moment du tirage au sort, compteraient deux
années de service aux *gardes-pompiers*, d'achever sous le
même drapeau le temps dû à l'État. L'uniforme des
gardes se composa d'un casque en cuivre, d'un habit de

drap bleu de roi et d'une culotte bleue avec guêtres rouges.

On sait qu'en 1810 un incendie éclata à l'ambassade d'Autriche, rue du Mont-Blanc, à Paris, pendant un bal donné par le prince Schwartzenberg; à la suite de cet accident, une enquête démontra l'insuffisance des moyens de secours et un décret du 18 septembre 1811 créa définitivement un régiment de sapeurs-pompiers comprenant quatre compagnies, 13 officiers et 563 hommes qui furent cette fois casernés, armés de fusils et soumis aux lois militaires. Le commandement du bataillon fut confié à M. de Lalanne, chef d'escadron de cavalerie, remplacé le 1er janvier 1814 par M. de Plazanet, chef de bataillon du génie, lequel mit en usage les seaux de toile imperméable, les échelles à crochets et les sacs de sauvetage.

A partir de ce moment, des améliorations que nous ne pouvons énumérer ici furent successivement introduites dans l'organisation et le fonctionnement du corps. Nous citerons cependant le décret impérial du 5 décembre 1866, rendu en considération de l'annexion à la ville de Paris des communes suburbaines, annexion qui réduisait à des proportions trop minimes le bataillon des sapeurs-pompiers :

« Article 1er. Le bataillon de sapeurs-pompiers de la ville de Paris formera un régiment de deux bataillons, de six compagnies chacun.

« Il prendra la dénomination de régiment de sapeurs-pompiers de la ville de Paris et fera partie intégrante de l'armée de l'infanterie.

« Article 2. Tous les emplois de nouvelle création seront donnés, soit à l'avancement du corps, soit à des officiers déjà pourvus du grade et appartenant à l'arme de l'infanterie.

« En conséquence, il y aura un colonel, un lieutenant-colonel, deux chefs de bataillon et tout le personnel d'officiers et de sous-officiers nécessaire à un régiment.

« L'effectif du régiment est fixé à 1572 hommes.

« M. Villerme, lieutenant-colonel du corps, est nommé colonel; M. Lebelin de Dionne, major-ingénieur du corps, est nommé lieutenant-colonel.

« Le décret portant réorganisation du corps des sapeurs-pompiers de Paris recevra son exécution à partir du 1er janvier 1867; en ce moment les sapeurs-pompiers forment un bataillon composé de dix compagnies et dont l'effectif est de 1290 hommes. »

Le régiment des sapeurs-pompiers de Paris, qui pour son service technique relève seulement du préfet de police, est placé militairement sous le commandement du gouverneur de la place et relève du ministre de la guerre. Il comprend deux bataillons de six compagnies chacun et son effectif réglementaire est de 50 officiers et de 1690 hommes de troupe. (1882).

Le matériel se compose de pompes, d'échelles, d'attelages et d'un réseau télégraphique commencé le 1er septembre 1871 et terminé le 8 mai 1880. Chaque caserne est reliée avec les petits postes qui dépendent d'elle et avec le bureau télégraphique du colonel, lequel est en communication avec la préfecture de police, l'administration des eaux, celle des télégraphes et l'assistance publique. Mais, à part l'Opéra, les théâtres ne sont pas reliés avec le bureau du colonel.

Dans toutes les casernes, il y a huit pompes : cinq

pour le service actif, deux pour l'instruction élémentaire des recrues, une pour l'exercice à eau. Les pompes à bras sont au nombre de 207, les pompes à soufflet[1] au nombre de quatre; il faut y joindre les pompes à vapeur dont deux sont anglaises (système Merry-Wather), deux françaises (système Thirion, de Paris).

On compte à Paris 4172 bouches d'arrosage à la lance et 5429 bouches de lavage, qui servent à l'alimentation des pompes aspirantes. Les pompes foulantes sont alimentées, au moyen de *chaînes*, par 761 bornes-fontaines.

Le régiment des sapeurs-pompiers occupe un hôtel et onze casernes. Tous les postes, à l'exception de trois, sont commandés par de simples caporaux.

Disons enfin que les principales villes de province, Bordeaux, le Havre, Marseille, Lille, Lyon, Rouen, etc., possèdent une organisation très complète de secours contre l'incendie. Les plus petites communes elles-mêmes ont à cœur de posséder un matériel convenable et en rapport avec les ressources dont elles disposent.

Il nous reste à nous occuper de l'organisation des secours contre l'incendie en Allemagne et dans l'Amérique du Nord.

A Berlin, les postes sont reliés entre eux par des fils télégraphiques. Selon la gravité des incendies, le télégraphe met de suite en mouvement soit les pompiers d'un seul poste, soit ceux d'un quartier, soit ceux de toute la ville. Chaque poste a ses chevaux, ses voitures, ses appareils, et au moindre signal, les hommes qui le composent partent au galop. Une cloche fixée à l'avant

---

1. Ces pompes servent à l'épuisement des caves envahies par la rupture d'une conduite et des bateaux coulant bas d'eau.

de chaque voiture tinte constamment pendant le trajet ;
elle est destinée à avertir les cochers, qui doivent se
ranger sous peine de police correctionnelle. La nuit, des
torches annoncent la *feuer*, et l'on s'écarte à la hâte
pour laisser passer les pompiers, la hache sur l'épaule,
la tête couverte d'une épaisse coiffure en cuir bouilli, les
yeux protégés par une visière basse, le cou dissimulé
sous un large couvre-nuque. La tenue d'incendie consiste
en une chemise de flanelle, par-dessus laquelle est une
ample tunique de toile goudronnée et serrée à la taille
par une ceinture ; un pantalon double, imperméable
quant à sa partie externe, et des demi-bottes complètent
ce costume[1].

En ce qui concerne les États-Unis, nous ne ferons que
résumer ici les chapitres les plus importants de l'ouvrage
publié par M. le colonel Paris, sous ce titre : *Le feu à
Paris et en Amérique.*

« A New-York, le département des secours contre l'incendie est placé sous la direction de trois administrateurs nommés par le maire et acceptés par le conseil
municipal. Ils sont élus pour six ans et peuvent être ré-
voqués, s'il y a plainte portée contre eux ; cette plainte
doit être préalablement examinée par le maire. Les détails de l'enquête sont soumis au gouverneur de l'État
de New-York, qui a le pouvoir d'annuler la plainte ou
d'approuver le renvoi[2]. » L'administration comprend
trois bureaux, dont le premier s'occupe de prévenir et
d'éteindre les incendies, le second de veiller à l'emma-
gasinage ou à la vente des marchandises combustibles,

1. Voir *Le Temps* du 5 mai 1875
2. Colonel Paris, *Le feu à Paris et en Amérique*, p. 7.

le troisième de tout ce qui concerne les enquêtes sur la cause des incendies. Le recrutement est tout à fait volontaire. Tout citoyen âgé de moins de trente ans, pourvu d'un certificat de moralité, lisant et écrivant correctement et ayant une taille minimum de $1^m,677$, est admis à faire partie du corps des sapeurs-pompiers, qui se compose de 721 hommes, sans compter les employés administratifs au nombre de 18. La force active comprend 42 compagnies de pompes à vapeur, 1 équipage de pompes flottantes, 16 compagnies d'échelles, 2 compagnies de télégraphie. Il faut y joindre un corps de *sapeurs-mineurs* dirigé par le lieutenant-colonel et ayant pour mission de faire sauter les bâtiments, lorsque cela est nécessaire dans un incendie.

A Boston, le département des secours est dirigé par quatre administrateurs nommés par le maire, et le personnel comprend : 1° une force régulière permanente de 247 hommes; 2° un corps de réserve de 343 hommes.

Saint-Louis a 18 postes, 19 pompes à vapeur, 3 voitures d'échelles et de crochets, 3 fourgons à charbon.

A Chicago, le *fire Marshall*, nommé par le maire, dirige un personnel de 396 employés. Cette ville possède 27 pompes à vapeur, 3 extincteurs et 4 compagnies d'échelles.

A San-Francisco, à Philadelphie, à Baltimore, l'organisation des services d'incendie est à peu près la même. Ajoutons que dans la plupart des villes des États-Unis, les différents postes sont reliés par des fils télégraphiques qui permettent de faire arriver les pompes sur le lieu d'un incendie quelques minutes après le signal reçu. Voici comment fonctionne le réseau de New-York :

« Le réseau télégraphique du département a 700 milles (1126 kil.). Le nombre des fils qui aboutissent au quartier général est de 60, reliant le cabinet du chef du département non seulement avec toutes les équipes de pompes, d'échelles, et le bateau à vapeur, mais encore avec toutes les *boîtes* d'alarme. Ces boîtes, au nombre de 925, sont en fer et à double porte ; elles ont 45 centimètres de hauteur, 25 centimètres de largeur et 15 centimètres de profondeur. La porte extérieure donne accès au crochet qu'il faut tirer pour envoyer l'alarme. En tirant ce crochet, on remonte le ressort intérieur ; lorsqu'on l'abandonne, le mécanisme se met en marche et transmet le numéro de la station au quartier général. La seconde porte fait communiquer avec un compartiment renfermant une clef de Morse dont les officiers du département seuls se servent pour demander soit du renfort, soit une ambulance. Ils sont donc seuls possesseurs d'une clef ouvrant ce compartiment, et c'est uniquement de la première porte que des clefs sont distribuées dans les magasins, pharmacies, restaurants ou toute autre maison importante, recommandée par le capitaine de la compagnie dans le périmètre duquel la boîte est placée... Les boîtes sont peintes en rouge, afin d'être vues de loin ; elles sont placées sur des perches de 15 à 16 mètres de hauteur, également peintes pour être distinguées de celles qui servent aux compagnies privées télégraphiques et sur lesquelles passent les fils... Sur chaque boîte se trouve placée une consigne ou avis pour son usage, et l'indication du dépôt le plus proche d'une clef. Ces clefs doivent elles-mêmes être en évidence dans la maison où elles sont déposées, et ajustées sur un carton qui reproduit la même consigne. La personne qui a donné l'alarme doit rester près de la boîte pour entendre le timbre qui indique que le signal est arrivé et que des secours vont partir; si ce timbre ne résonnait pas deux ou trois secondes après que le crochet a été tiré, elle devrait courir à la boîte la plus voisine et recommencer. Le bureau télégraphique du quartier général, où convergent les fils de tout le département, a dû être et est installé de façon à satisfaire aux exigences de ce service. Il est monumental, et son établissement a coûté 55 000 francs. La galerie est montée sur une plate-forme de 1^m,10 de hauteur, de manière à pouvoir manœuvrer commodément. A l'est de cette plate-forme sont placés les fils, la sonnerie, l'électromètre et les imprimeurs de rechange; au sud, le tableau des aiguilles, un galvanomètre et le rhéostat; au nord, les imprimeurs, les sonneries, les clefs et les leviers. »

II

LES INCENDIES DANS LES ,THÉATRES

Si l'on se reporte à la liste chronologique des principaux incendies que nous donnons à la fin de ce volume, on verra que les théâtres sont particulièrement exposés à périr par le feu. L'incendie du théâtre italien de Nice (1881), qui coûta la vie à soixante-dix personnes, détermina l'administration à prendre des mesures énergiques pour assurer la sécurité des spectateurs dans les édifices de ce genre. Les mesures prises par la commission spéciale organisée à Paris sont énumérées dans un rapport de M. Andrieux, préfet de police, et voici, d'après M. Louis Figuier[1], le résumé de ce rapport[2] :

Il y a dans tout théâtre trois parties distinctes : 1° la salle et ses dégagements ; 2° la scène, ses dessus et ses dessous ; 3° les bâtiments d'administration et les loges des artistes. La Commission demande que cet ensemble soit isolé des maisons voisines au moyen d'un chemin de ronde, — que la scène et la salle soient séparées l'une

---

1. Louis Figuier, *L'année scientifique et industrielle* (1881), p. 312 et sqq.

2. Rapport du 16 mai 1881 adressé au ministre de l'intérieur.

de l'autre par des murs assez épais pour permettre aux sapeurs-pompiers de localiser le feu, — que les directeurs des théâtres n'établissent aucun atelier dans les annexes de la salle, — que les murs fermant la scène supportent, en haut, des balcons de secours d'où les pompiers pourront dominer la scène, — que l'ouverture de la scène sur la salle soit fermée par un rideau à mailles de fer qui, étant soutenu par des cordages combustibles, tombera de lui-même en cas d'incendie. Suivent certaines dispositions relatives à l'éclairage : obligation pour les directeurs d'allumer dans les parties de la salle ouvertes au public des lampes à huile destinées à faciliter l'accès des corridors, en cas de sinistre, — de faire entourer toutes les lumières de grillages à mailles serrées, — de tenir renversées les flammes du gaz de la rampe, — de faire poser un compteur à gaz spécial dans chacune des trois parties du théâtre pour empêcher l'extinction simultanée de toutes les lumières.

La seconde partie du rapport concerne les mesures à prendre pour organiser rapidement les secours : elle s'adresse particulièrement aux sapeurs-pompiers. La troisième partie au contraire intéresse plus spécialement le public; elle s'occupe de l'évacuation instantanée de la salle et prescrit : 1° la distance qui devra séparer les rangs de fauteuils; 2° l'établissement d'un passage au milieu de l'orchestre; 3° la suppression des strapontins; 4° la nécessité de tenir toutes les issues ouvertes pendant les représentations.

En dépit de ces prescriptions administratives, les directeurs des théâtres de Paris n'apportèrent aucune modification à leurs salles. L'administration, de son côté, négligea de les rappeler à l'ordre, et l'on avait oublié le rapport de M. Andrieux, lorsque l'incendie du théâtre du Ring donna à réfléchir à l'administration, aux directeurs et au public. Sûr d'être approuvé par l'opinion, M. Camescasse remit en vigueur l'ordonnance de son prédécesseur : il fit fermer le théâtre Déjazet, construit presque tout en bois, et fixa un délai à tous les directeurs pour qu'ils eussent à se mettre en règle et à se conformer aux mesures précédemment édictées.

Quant au service de surveillance dans les théâtres, il est organisé de la manière suivante : toutes les heures, des rondes ordinaires sont faites par les sapeurs-pompiers de service et, dans l'intervalle, par un caporal; dans la journée des inspections ont également lieu. Lorsque la représentation est terminée, on lève le rideau ordinaire et l'on fait descendre un rideau en fil de fer entre la salle et la scène, puis le caporal des sapeurs-pompiers, accompagné d'un employé de théâtre, fait une visite générale.

En cas d'incendie, on a recours à un système général d'engins et d'opérations qu'on peut résumer en quelques mots. Des réservoirs supérieurs, placés dans les combles, sont remplis au moyen de pompes, lesquelles sont situées dans un lieu voûté ou cave, et aspirent l'eau dans des réservoirs inférieurs. Ceux-ci sont alimentés par des conduits d'eau dans la ville. Les autres établissements fixes dont on se sert pour remédier rapidement aux incendies qui se déclarent sont: 1° les colonnes d'ascension, 2° les colonnes en charge ou à compression.

« Les colonnes d'ascension sont des conduits en

plomb qui, montés sur les tuyaux de sortie des pompes, traversent la voûte de la cave et conduisent l'eau dans les réservoirs supérieurs. Ces conduits, au lieu d'être continus, sont interrompus, au théâtre et à chaque étage des cintres, par un boisseau ou robinet à deux eaux dont l'orifice, à pas de vis, reçoit une demi-garniture armée d'une lance. Ces boisseaux sont placés dans de petites armoires fermant à clef, afin que les sapeurs-pompiers de service puissent seuls y toucher. Ces armoires contiennent aussi une hache et une éponge à main pour éteindre le feu dès sa naissance.

« Les colonnes en charge sont des conduits en plomb qui, piqués sous le fond des réservoirs supérieurs, descendent l'eau pour alimenter les établissements en charge, et fournissent des jets provisoires plus ou moins élevés, suivant leur éloignement des réservoirs. Ces tuyaux de descente sont aussi interrompus, à chaque étage inférieur, par des boisseaux sur la sortie desquels est montée une demi-garniture armée d'une lance, et qui sont continuellement en charge : il suffit, pour s'en servir, de déployer les tuyaux et de tourner la branche devant soi pour que l'eau arrive à la lance. A la sortie du réservoir, ces conduits ont un robinet de barrage pour vider la colonne en temps de gelée et faciliter les réparations. Les boisseaux de ces colonnes sont, comme ceux des établissements d'ascension, renfermés dans des armoires[1].

« Dans quelques théâtres, les *établissements* en charge

---

1. *Des incendies et des moyens de les prévenir et de les combattre* (Paris, 1869, in-12), par un ancien fonctionnaire.

sont remplacés par un appareil à compression d'air, à trois atmosphères, donnant un jet très élevé pendant l'espace de dix minutes environ. »

Nous ne nous étendrons pas davantage sur ces questions techniques qui, pour être intéressantes, auraient besoin d'un développement que nous ne pouvons leur donner ici. Nous donnerons cependant quelques détails statistiques sur les incendies dans les théâtres, détails publiés par M. Legoyt, dans la *Revue scientifique* du 7 janvier 1882.

« Les écrivains qui ont réuni les matériaux d'une statistique des incendies de théâtre sont arrivés à des conclusions véritablement alarmantes. Selon l'étendue des périodes qu'ils ont embrassées et le nombre des faits qu'ils ont recueillis, la vie moyenne d'un théâtre varierait entre dix et vingt-deux ans. Mais tous sont d'accord sur ce point qu'un théâtre est condamné à périr tôt ou tard dans les flammes. Le mode de construction, la nature des matériaux, l'accumulation dans la salle d'ornements en substances essentiellement inflammables, le grand nombre de lumières fixes, c'est-à-dire adossées aux décors, ou en mouvement dans les coulisses, les peintures de la toile, des loges, du plafond, l'éclairage de la rampe, si funeste aux artistes, aux danseuses surtout, qui s'en approchent de trop près, l'usage obligé du gaz dont les explosions sont fréquentes et que ne remplacera que très tardivement la lumière électrique, dont le prix sera longtemps très élevé, les imprudences presque inévitables du nombreux personnel de service sur la scène et des amis des artistes ou de la direction, etc., etc., toutes ces causes, et peut-être aussi les inflammations spontanées doivent entraîner tôt ou tard la destruction d'un théâtre. »

On a calculé en effet que la vie moyenne d'un édifice de ce genre était de dix ans aux États-Unis, de vingt-deux ans en Europe, et que de 1871 à 1877, il avait brûlé en moyenne treize théâtres par année.

M. Denis Monnier, professeur à l'Université de Genève, a de son côté expliqué pourquoi si peu de personnes parvenaient à se sauver lorsque arrivait une catastrophe pareille. « La première conséquence du fait est une élévation considérable de la température, qui double, qui triple le volume de l'air contenu dans la salle, phénomène par suite duquel est changé le courant d'air dans lequel le gaz comprimé cherche une issue; par suite, une forte quantité d'oxygène est absorbée et changée en un gaz non respirable. Mais comme il n'y a que très peu d'oxygène, par des causes diverses, dans l'enceinte étroitement fermée du théâtre, il se produit de l'oxyde de carbone, comme il arrive chaque fois que du charbon brûle dans une quantité insuffisante d'oxygène. Or, cet oxyde est toxique au plus haut degré. »

Dès lors, la plupart des personnes sont empoisonnées, avant même d'être asphyxiées; et en ce cas, il serait bon, ainsi que l'a fait remarquer M. Karl Vogt, d'établir au-dessus du lustre et au plafond de la scène un large ventilateur s'ouvrant à volonté, et par lequel s'échapperaient les gaz délétères produits par l'incendie.

III

LES POMPES ET LES APPAREILS DE SAUVETAGE

Nous nous proposons d'examiner dans ce chapitre les principaux engins employés de nos jours pour combattre les incendies, c'est-à-dire les pompes et les appareils de sauvetage.

Des pompes en général. — On donne le nom de pompes à des appareils de forme diverse destinés à élever l'eau d'un récipient inférieur dans un récipient supérieur. Les pompes peuvent être : 1° aspirantes, 2° foulantes, 3° aspirantes et foulantes. Nous ne nous occuperons ici que des deux premières espèces.

Prenons un tube de verre dans lequel se meut un piston, et élevons ce piston après avoir plongé dans un liquide l'extrémité inférieure du tube. Immédiatement, le vide se fait au-dessous du piston, et la pression atmosphérique qui s'exerce sur la surface extérieure du liquide oblige celui-ci à s'élever dans le tube jusqu'à ce que son poids fasse équilibre à la pression atmosphérique (fig. 19).

Ce principe posé, décrivons la pompe *aspirante*. Considérons (fig. 20) un corps de pompe A, dans lequel se meut un piston P et qui communique par un tuyau d'aspiration avec un réservoir contenant de l'eau. Entre le corps de pompe et le tuyau d'aspiration se trouve une soupape S, qui s'ouvre de bas en haut, et le piston P est également muni d'une ou de deux soupapes s et s', s'ouvrant dans le même sens. Si nous élevons le piston, le vide se fait au-dessous de lui, la soupape S s'ouvre, l'air du tuyau d'aspiration se répand dans le corps de pompe, où il perd de sa force élastique en augmentant de volume, et la pression de cet air devenant moins forte que la pression atmosphérique, l'eau monte dans le corps de pompe jusqu'à ce que l'équilibre soit rétabli. — Les choses étant dans cet état, si nous descendons le piston, la soupape S se ferme, et l'air, se trouvant comprimé, ouvre les soupape $s\,s'$ et s'échappe à l'extérieur. Quant à l'eau, elle reste au point où elle a été soulevée, puisqu'elle ne peut s'échapper par la soupape S, qui s'est fermée. Or, il est évident que si l'on continue à descendre et à élever alternativement le piston, le liquide finira par arriver dans le corps de pompe, passera à la suite de l'air au-dessus du piston et atteindra enfin le

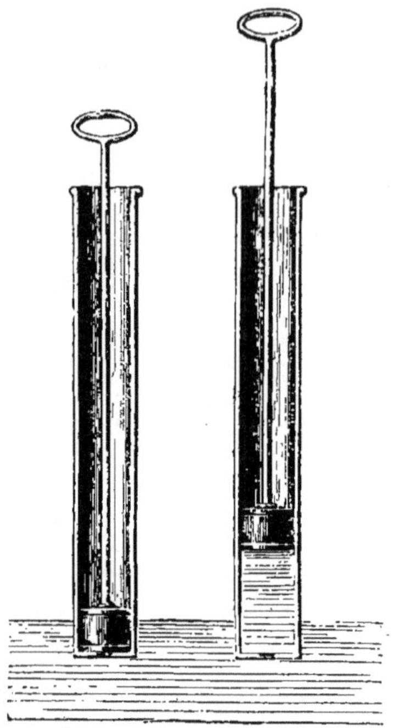

Fig. 19. — Principe de la pompe.

tuyau de déversement. A partir de ce moment, chaque
fois que nous soulèverons le piston, nous rejetterons
au dehors un volume de li-
quide qui, si l'appareil était
construit avec une irréprochable précision, serait égal
au volume même du corps
de pompe.

Tel est le mécanisme de la
pompe aspirante. La pompe
foulante se compose :

1° D'un corps de pompe
qui plonge directement dans
le liquide et qui est muni
à sa partie inférieure d'une
soupape s'ouvrant de bas en
haut;

2° D'un piston plein qui
se meut dans le corps de
pompe;

3° D'un tuyau latéral qui
communique avec la par-
tie inférieure du corps de
pompe, et qui présente une

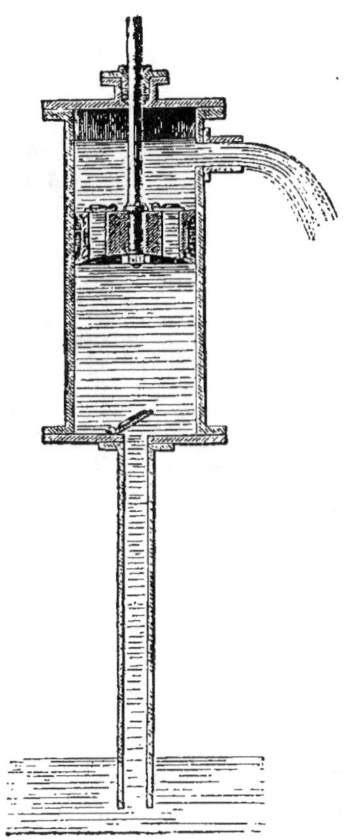

Fig. 20. — Pompe aspirante.

soupape s'ouvrant de l'intérieur à l'extérieur.

Supposons que ce piston plein soit au bas de sa
course; en s'élevant, il fera le vide au-dessous de lui et
l'eau se précipitera par la soupape inférieure après l'a-
voir soulevée. Si alors le piston s'abaisse, l'eau, qui
n'est pas compressible, oblige la soupape inférieure à
s'abaisser et ne peut plus s'échapper qu'en soulevant la

soupape latérale. Elle entre dans le tube de déversement, le remplit peu à peu et arrive à l'orifice (fig. 21).

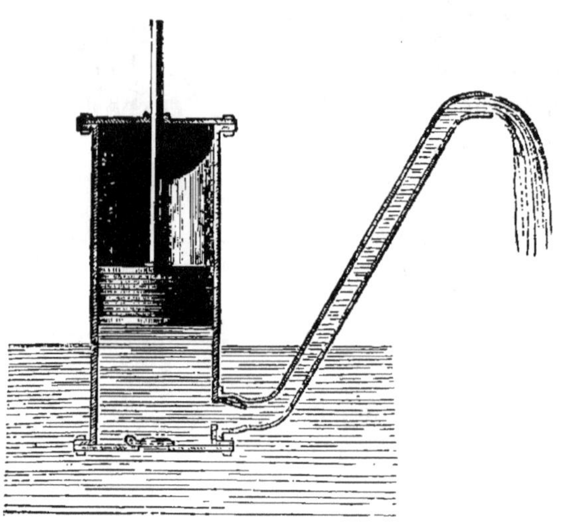

Fig. 21. — Pompe foulante.

Pompes à incendie à bras. — La pompe à incendie
ordinaire est une application de la pompe foulante, dont
nous venons de parler. Elle s'alimente dans un récipient
de tôle, nommé *bâche* (fig. 22), dans lequel l'eau est
apportée au moyen de seaux de toile par des hommes
qui font la *chaîne*. Ceux-ci ne versent pas l'eau directement dans la bâche, mais dans un panier en osier, appelé *tamis* (fig. 23), dont les interstices sont assez petits
pour arrêter les matières étrangères qui pourraient se
glisser dans le corps de pompe et gêner par suite le jeu
de l'appareil.

Dans la bâche plongent deux corps de pompe dont les
conduits latéraux débouchent dans un réservoir d'air,
situé au milieu, et recevant par suite l'eau refoulée al-

ternativement par chaque piston. Un tuyau de sortie,
placé dans ce réservoir, permet au liquide de s'échapper, et la constance du jet provient de la pression de
l'air comprimé dans le réservoir.

La tige de chaque piston s'articule à un *balancier*
(fig. 24), dont le mouvement est tel que lorsqu'un piston
monte, l'autre descend. L'eau passe du réservoir dans un
tuyau de cuir, lequel se termine par une *lance* (fig. 25).

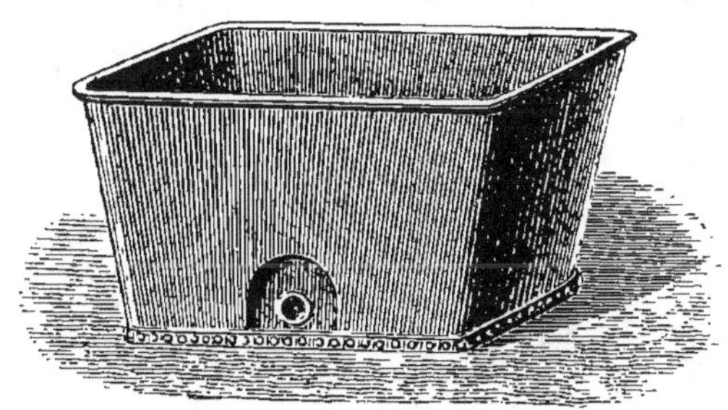

Fig. 22. — Bâche.

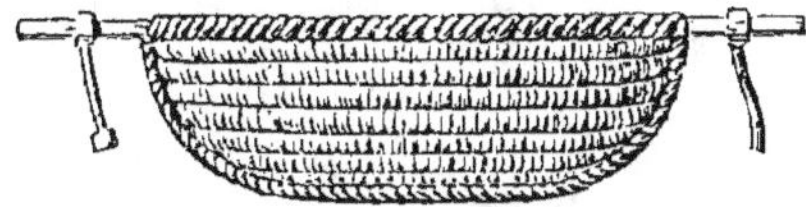

Fig. 23. — Tamis

ou pièce de cuivre effilée qui permet au sapeur-pompier
porte-lance de diriger le jet où il lui plaît.

La pompe à incendie dite *aspirante* a les mêmes orga-
nes que la précédente, mais sa bâche porte, à droite et
à gauche, une ouverture latérale à laquelle s'adapte un
fort tube de cuir. Ce *tuyau aspiral*, qui plonge dans un
réservoir d'eau ou s'adapte à une bouche d'incendie,
supprime l'emploi de la chaîne et rend les secours plus
prompts et moins fatigants.

On remarquera bien que les épithètes *aspirante* et *foulante*, appliquées à une pompe à incendie, n'ont plus le sens que nous leur avons donné au commencement de ce chapitre. Les sapeurs-pompiers appellent pompe *foulante* celle qui s'alimente au moyen de l'eau qu'on verse dans sa bâche, et pompe *aspirante* celle qui s'alimente directement dans un réservoir par l'intermédiaire du tuyau aspiral.

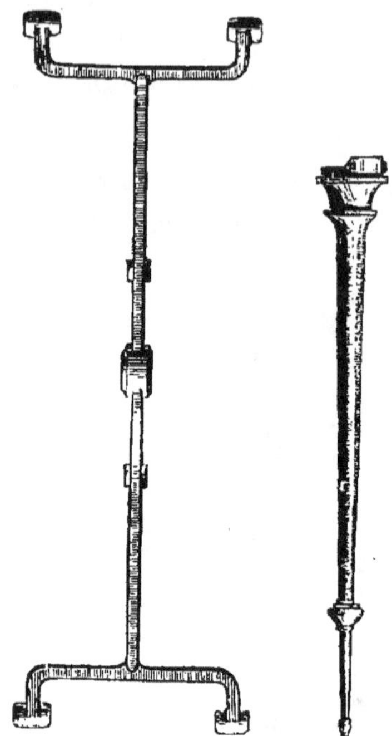

Fig. 24. — Balancier.

Fig. 25. Lance.

Nous signalerons enfin un modèle récent de pompe à air et à eau connu sous le nom de système Philippe. Cette pompe diffère de la pompe aspirante en ce qu'elle possède en plus deux cylindres et deux pistons destinés à fournir l'air pour les appareils à feux de caves.

Pompes à incendie à vapeur. — Les pompes à incendie à vapeur, d'origine américaine, furent adoptées en Angleterre vers 1860, après avoir subi certaines modifications. A la suite de l'exposition universelle de 1867, quelques villes de France firent l'acquisition de pompes à vapeur anglaises, mais M. Thirion, ingénieur mécanicien, inventa en 1870 un appareil moins défectueux sous les rapports du prix, du volume et du fonctionnement.

Son premier modèle fut acheté par la municipalité de Bordeaux. Deux ans plus tard, M. Thirion fut chargé de construire une seconde pompe à vapeur pour le régiment des sapeurs-pompiers de Paris : c'est celle que nous allons décrire. Elle se compose :

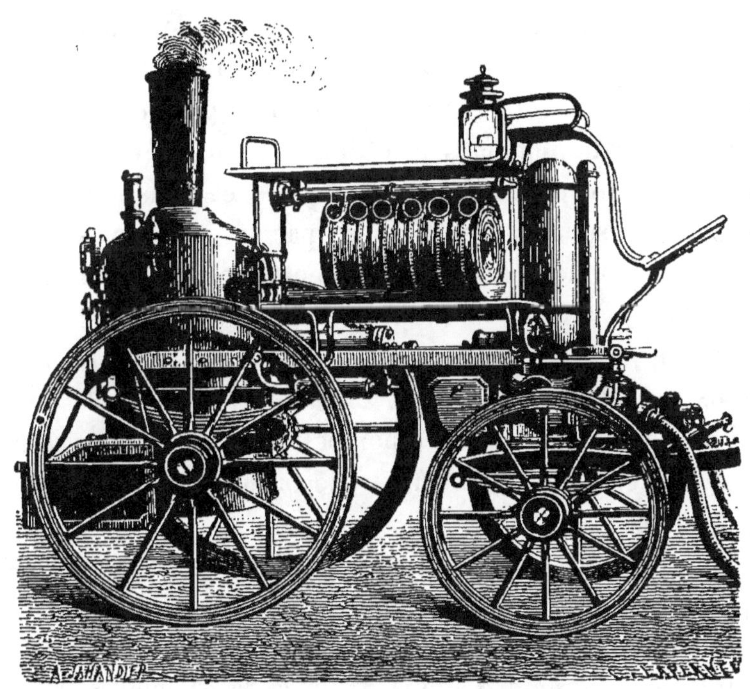

Fig. 26. — Pompe à incendie à vapeur.

1° D'une chaudière verticale située entre les deux roues de derrière du chariot;

2° De deux cylindres à vapeur horizontaux;

3° D'un corps de trois pompes à double effet[1], situé au centre.

1. Les pompes à *simple effet* n'élèvent l'eau que pendant la des-

La chaudière, qui peut contenir soixante-dix-huit litres d'eau, est formée d'une série de tubes en U qui descendent au milieu des flammes et dont les orifices sont ajustés à la plaque de fond recouverte de cinq ou six centimètres d'eau : cette disposition rend la chaudière inexplosible et permet une mise en pression rapide.

Les cylindres, qui ont 16 centimètres de diamètre et une course de $0^m,24$, font mouvoir un arbre à trois coudes, qui commande les pistons de trois pompes à double effet. De cette manière, il suffit d'une seule révolution de l'arbre pour produire trois poussées et trois tirées de pistons, lesquelles, multipliées par le double effet des pompes, donnent douze mouvements successifs assez rap_prochés pour que l'action ait lieu sans secousses, sans interruption appréciable, et pour que le jet de l'eau parte sans saccade de la lance.

Au-dessus du corps des pompes, il se trouve un réservoir de refoulement, d'où part le tuyau qui conduit l'eau à la lance.

Les pistons ont un diamètre de $0^m,10$, et leur jeu respectif est de 120 doubles mouvements par minute. Le diamètre du tuyau d'aspiration est de $0^m,10$. Le jet horizontal peut atteindre à une distance de 45 mètres, et le jet vertical ou oblique à une hauteur de 35 mètres. Le débit de l'eau est de 20 litres par seconde. Le poids total de la pompe à vapeur ne dépasse pas 1800 kilogrammes, de sorte que deux chevaux peuvent la traîner vivement avec facilité. Enfin, la mise en pression de-

cente ou pendant la montée du piston. Les pompes à *double effet* élèvent l'eau pendant la montée et pendant la descente.

mande de 10 à 12 minutes, temps généralement plus court que celui qui est nécessaire pour faire les établissements.

Au service de chaque pompe sont attachés un mécanicien, un chauffeur et des aides. Dès qu'un incendie est signalé, on attelle les chevaux et on allume en même temps la chaudière, de sorte que le temps demandé par la mise en pression est généralement écoulé quand la pompe arrive sur le lieu du sinistre.

Il n'est pas besoin de dire qu'à l'aide de la pompe à vapeur on parvient beaucoup plus vite à éteindre les grands incendies ou à noyer les grands foyers. Ces appareils ont aussi l'immense avantage de supprimer les chaînes et les travailleurs, et de rendre moins lente l'opération du déblaiement.

Chariot à incendie. — Chaque pompe est accompagnée d'un certain nombre d'accessoires, parmi lesquels il faut citer : une lance, deux tamis, deux leviers, quinze seaux en toile à voile, une échelle à crochets, une hache, deux cordages de 30 mètres l'un, une ceinture de sauvetage. Elle est toujours suivie sur le lieu du sinistre par un *chariot à incendie* renfermant, entre autres accessoires, des échelles à coulisses, des sacs de sauvetage et des appareils à feux de caves.

Le *sac de sauvetage* a une longueur de 20 mètres et une largeur de $0^m,80$. Il se compose de deux parties distinctes : le cadre d'ouverture et le corps du sac. Le cadre d'ouverture est quadrangulaire et un de ses côtés est formé par une traverse de frêne sur laquelle est enroulé et cousu le bord inférieur du sac. Les trois autres côtés sont formés par une corde et tendus à angle droit par deux cordages de 5 mètres de longueur. Le

corps du sac est fait de lés de toile de 20 mètres de longueur et se termine inférieurement par un cordage auquel sont fixés des anneaux de corde qui servent à
tendre et à incliner le sac. — Pour sauver les personnes
surprises par le feu dans les étages supérieurs, on a
recours à cet appareil : le sac étant hissé et son ouverture disposée dans la chambre, trois hommes restés en
bas le tiennent tendu, en lui donnant l'inclinaison né-

Fig. 27. — Chariot à incendie.

cessaire pour éviter la descente trop rapide des personnes.

L'appareil à feux de caves permet de pénétrer dans un
lieu infecté (caves, cales de navire, fosses d'aisance, puits,
galeries de mines) et de secourir les personnes exposées
à l'asphyxie. Il se compose de deux parties : une blouse
et un tuyau à air. La *blouse* a été inventée, en 1834,
par le colonel Paulin. Elle est formée d'une casaque en

cuir de vache, qui se serre autour du corps, à hauteur des reins, par une ceinture de fer. Deux bracelets de cuir retiennent les manches aux poignets, et le corps de blouse est surmonté d'un capuchon auquel s'adapte, sur le devant, un masque de verre bombé à travers lequel le sapeur-pompier voit pour se diriger. Le tuyau à air, en caoutchouc, de 25 mètres de long et de 0^m,010 de diamètre intérieur, se monte d'un côté sur la blouse, de l'autre communique avec une pompe à incendie qu'on fait fonctionner à vide et qui lance de l'air sous la blouse. Vis-à-vis de la bouche, en avant du masque de verre, est un sifflet de cuivre nickelé à soupape, avec embouchure en bois, qui sert pour les signaux. La

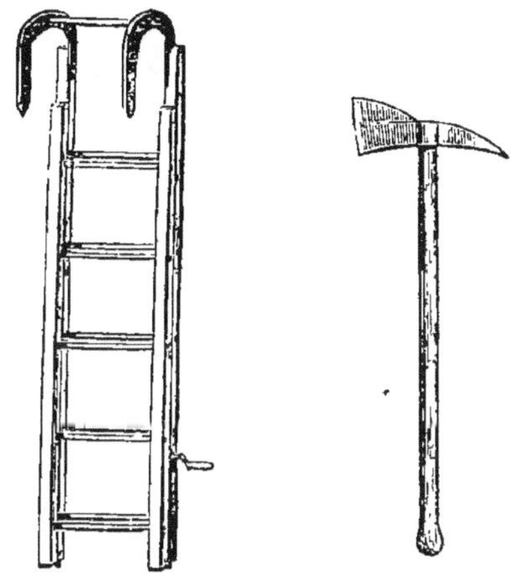

Fig. 28.
Échelle à crochet.

Fig. 29. — Hache

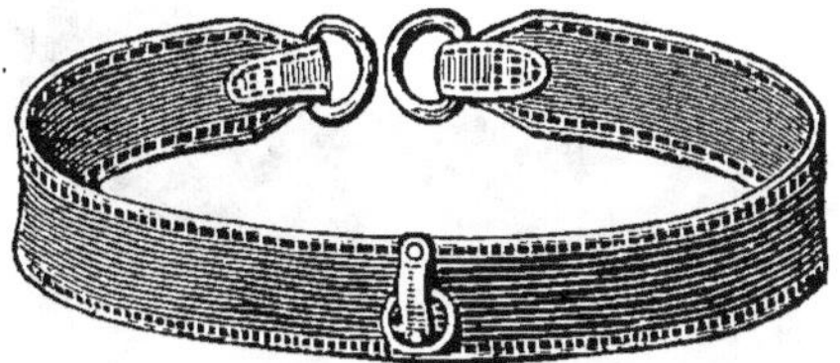

Fig. 30. — Ceinture de sauvetage.

blouse et le tuyau à air sont renfermés dans une caisse à couvercle, garnie de deux bretelles de charge, d'un coussin rembourré et d'un taquet inférieur.

Échelles aériennes. — Il serait extrêmement avantageux d'avoir des échelles plus élevées que les édifices mêmes : cela permettrait d'établir des postes aériens et de diriger sur les foyers d'incendie des jets de haut en bas bien plus efficaces que les jets de bas en haut. En outre, il existe des monuments dont on ne peut gagner les étages supérieurs avec les échelles à crochets ou à coulisses, et lorsque l'escalier est envahi par une fumée trop intense, les personnes surprises dans ces étages ne savent comment

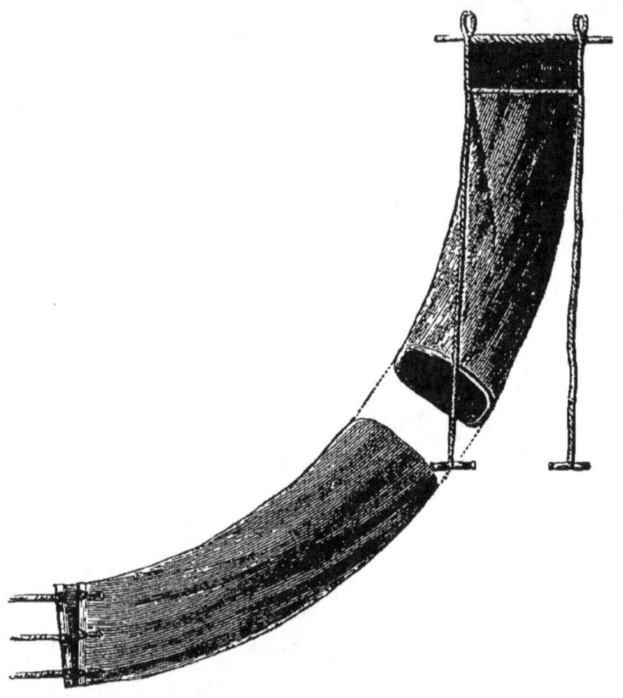

Fig. 31. — Sac de sauvetage.

échapper à l'action du feu. En ce cas, les échelles aériennes rendraient également de grands services.

M. Porta a construit un appareil de ce genre, que nous allons décrire. Plus récemment, M. Smitter a proposé de modifier le système de son devancier en liant les uns aux autres les éléments de l'échelle, de façon qu'il y ait seulement à les développer, au lieu de les monter.

En 1868, une commission d'officiers du régiment
des sapeurs-pompiers de Paris étudia l'échelle Porta.
Nous extrayons du rapport de cette commission la description de l'appareil soumis à son examen :

« L'échelle aérienne destinée aux sauvetages par
M. Porta se compose de deux parties principales : l'échelle

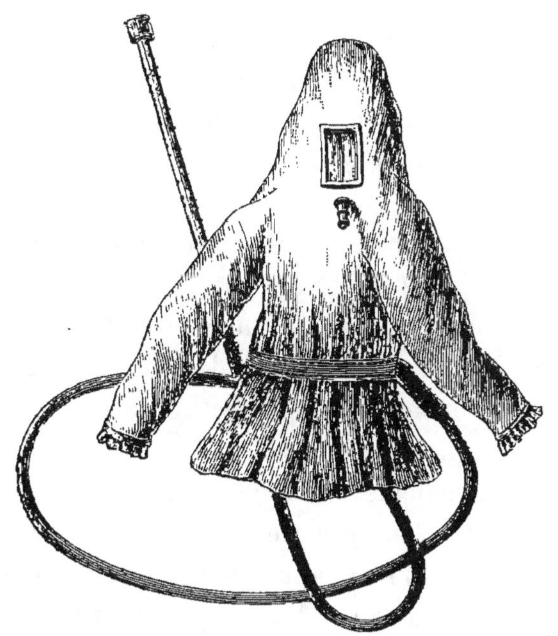

Fig. 32. — Appareil à feux de caves.

proprement dite, et le chariot, qui en est la base et le
moyen de transport. L'échelle totale est formée de dix
petites échelles en bois, garnies latéralement et à leurs
extrémités supérieures de deux tiges en fer creux, placées
verticalement sur les montants; ces différentes sections
de l'échelle principale sont construites de façon à s'em-
boîter exactement l'une dans l'autre et sont reliées entre

elles : 1° au moyen de traverses en bois que l'on passe entre les agrafes fixées aux extrémités de ces sections; 2° par des tringles en fer creux, les unes horizontales, réunissant les extrémités supérieures des tiges, les autres diagonales, reliant la partie supérieure des tiges d'une échelle aux montants de l'autre. Ces traverses en bois et ces tringles en fer empêchent les différentes sections de l'échelle de se replier l'une sur l'autre, et donnent à l'ensemble du système une rigidité absolue; les premières servent en outre d'échelons et les secondes de rampes à l'échelle.

« Avant d'être élevée, l'échelle est placée suivant l'axe longitudinal du chariot, et la première de ses parties repose presque en entier sur lui.

« Le chariot est à quatre roues et de forme ordinaire; il est garni de treuils, de roues dentées, de chaînes et de cordages, de manière à pouvoir élever l'échelle par un simple mouvement de manivelles. Pour empêcher l'échelle établie horizontalement d'enlever par son poids le chariot, on a adapté à l'arrière de celui-ci deux contrepoids qui permettent de neutraliser le poids de l'échelle.

« L'inventeur a ajouté à son appareil un complément qui lui a paru nécessaire pour le sauvetage des personnes qui ne seraient pas assez valides pour descendre sur l'échelle même; à cet effet, il a adapté à l'échelon supérieur une poulie sur laquelle s'enroule une corde à l'extrémité de laquelle est attaché un sac en toile. Ce sac, dirigé au moyen de deux commandes, sera hissé facilement et pourra être introduit dans la pièce où doit se faire le sauvetage, et par suite recevoir aisément la personne à sauver.

« L'échelle soumise aux expériences de la commission représente une longueur de 23 mètres environ; et, en y ajoutant la hauteur du chariot, on voit qu'elle peut, étant dressée verticalement, servir à monter à une hauteur totale de 24 à 25 mètres. Mais il faut reconnaître que cette hauteur peut être augmentée au moyen d'une échelle supplémentaire, et qu'on pourra atteindre une élévation de 30 mètres.

« Les dimensions principales du chariot sont : largeur de la voie, 2 mètres; longueur du chariot sans la flèche et les contrepoids, 4 mètres; avec les contrepoids seulement, 6 mètres; et avec la flèche et les contrepoids, 8 mètres; le poids total est d'environ 2500 kilos.

« Pour se servir de l'échelle aérienne, et en admettant que les diverses sections de l'échelle soient placées l'une sur l'autre et sur le chariot, on opère de la manière suivante :

« Toutes les sections sont retirées, à l'exception de la première, et placées successivement à terre dans l'axe du chariot et dans l'ordre qu'elles doivent avoir dans l'échelle; on emboîte la deuxième section dans la première, on les réunit par la traverse en bois et par les tringles en fer creux, que l'on assujettit au moyen de clavettes en fer; puis on relie la troisième section à la deuxième de la même manière, et ainsi de suite. Il faut avoir soin, dans cette opération, de prendre la traverse et les tringles qui conviennent à la section qu'on doit mettre en place; et enfin on ne doit pas oublier de tirer les contrepoids qui sont placés à l'arrière du chariot, afin que l'échelle soit toujours équilibrée.

« Lorsque l'échelle est établie horizontalement, il suffit

de mettre en manœuvre le système de traction et de rotation adapté au chariot, et l'échelle prendra successivement toutes les inclinaisons jusqu'à devenir perpendiculaire au plan du chariot. Cette manœuvre doit être faite par six hommes au moins. »

Maintenant, quels sont les défauts, quels sont les mérites de l'appareil Porta? Disons d'abord que cette échelle réunit les conditions désirables de solidité et de stabilité. Mais elle est trop volumineuse pour passer dans certaines rues et pour être dressée dans les cours; elle est extrêmement pesante; enfin on ne peut la monter qu'en douze à treize minutes[1].

Extincteurs automatiques d'incendie de M. Hiram Maxim. — C'est principalement sur la scène que le feu se déclare dans les théâtres, et c'est sur la scène, par conséquent, que doivent être installés les moyens de secours les plus prompts et les plus efficaces. Frappé de cette idée, M. Hiram Maxim a combiné une suite d'appareils ou plutôt un ensemble de dispositions tel que, « lorsqu'un commencement d'incendie se déclare en un point donné de la scène, l'accident produise lui-même, automatiquement et instantanément, la série de manœuvres nécessaires pour inonder le point menacé et arrêter la propagation de l'incendie[2]. » Ces manœuvres sont dues tantôt à des actions mécaniques, tantôt à des actions électriques.

Voyons d'abord le système mécanique, et remarquons

1. Voir *Le feu à Paris et en Amérique*, par le colonel Paris, p. 108.

2. Voir dans *la Nature* (n° du 25 février 1882) l'article que nous résumons ici.

« que la partie supérieure de la scène, les côtés, les sous-
sols et les frises sont traversés par un réseau de canalisation de tuyaux de différents diamètres convenablement
distribués. Ces tuyaux viennent tous se brancher sur un
tuyau commun relié avec la canalisation d'eau sous pression de la ville. En temps ordinaire, un robinet placé
près du branchement se trouve fermé, et la canalisation

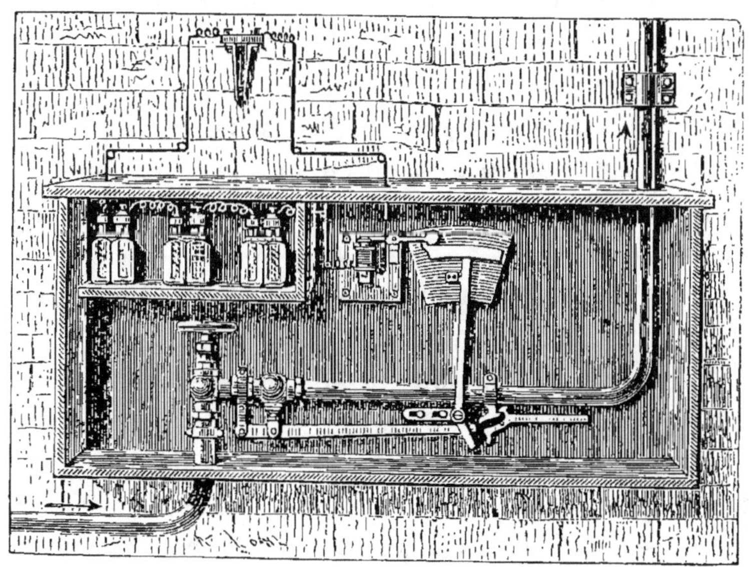

Fig. 55. — Extincteur de M. Hiram Maxim (p. 268).

établie sur la scène se trouve remplie d'air légèrement
comprimé. De distance en distance se trouvent placés des
robinets qui sont eux-mêmes fermés et maintenus dans
cette position à l'aide de petits enclanchements. Ces enclanchements sont reliés à des cordelettes tendues en
des points convenables, à proximité des robinets correspondants. » Dès qu'un incendie se déclare, ces cordelettes en brûlant déclanchent les robinets correspondants

qui s'ouvrent et laissent sortir l'air comprimé qui remplissait la canalisation. Cette dépression fait abaisser une soupape qui déclanche un poids, lequel ouvre, en tombant, le robinet du branchement : alors, l'eau sous pression envahit la canalisation, se répand par les ouvertures qui correspondent aux cordelettes brûlées, et inonde le point attaqué par le feu.

Tel est le système mécanique. Quant à l'extincteur automatique électrique, il comprend également un réseau de canalisation, mais ce réseau n'est pas rempli d'air comprimé. Il se compose de trois parties :

1° Un appareil fermant un circuit électrique sous l'action de l'élévation de température produite par l'incendie.

2° Un robinet automatique envoyant l'eau sous pression de la ville dans la canalisation de la scène.

3° Un système ouvrant les bouches d'écoulement aux points dangereux.

L'appareil fermant le circuit est formé de deux lames métalliques séparées par une pièce de métal fusible, laquelle est isolée des lames par un corps quelconque isolant. Il est évident qu'une fois cette pièce de métal fondue par l'incendie, le contact est établi entre les lames qui ferment le circuit de la pile sur le robinet automatique de prise d'eau.

« Ce robinet automatique se compose d'un électro-aimant qui sous l'action du courant devient actif, attire son armature, qui déclanche le levier. Le poids tourne alors de gauche à droite, et après avoir décrit un quart de cercle vient s'appliquer sur le levier tandis que le talon déclanche un arrêt qui maintenait le levier. Sous l'action du poids, et par l'intermédiaire du levier, de la petite bielle, le robinet s'ouvre et l'eau sous pression envahit la conduite par le tuyau. Le robinet qui se manœuvre par un volant à main, sert à arrêter l'eau lorsque l'incendie est éteint, ou en cas de réparation; dans la position d'attente et de protection, il doit être toujours ouvert, car, sans cette précaution, le jeu du robinet automatique serait sans effet en cas d'accident. L'eau qui envahit les conduites montantes doit se déverser sur le point, ou les points, où l'incendie s'est déclaré; on pourrait faire usage de tuyaux simplement perforés, mais il est préférable de localiser l'émission d'eau sur le point même où l'incendie a éclaté. Cet effet est obtenu à l'aide d'orifices d'écoulement s'ouvrant par explosion de coton-poudre. »

Il est certain que la nouvelle invention de M. Hiram Maxim est extrêmement ingénieuse et pourra rendre de très grands services. Les acteurs, qui mieux que personne pourraient peut-être éteindre le feu dès qu'il se déclare sur la scène, se laissent les premiers dominer par la panique et songent à sauver d'abord leur propre vie. Avec l'extincteur de M. Hiram Maxim, il semble que les incendies de théâtres seront désormais peu nombreux.

FIN

APPENDICE

I

TABLE CHRONOLOGIQUE DES GRANDS INCENDIES

AVANT JÉSUS-CHRIST

1270? Incendie de Troie.

588. Incendie du temple de Jérusalem sous Nabu-
kudur-usur.

503. Incendie de Sardes.

480. Incendie de la citadelle d'Athènes par les Perses.

Après le combat des Thermopyles, l'armée de Xerxès se parta.
gea en deux corps : l'un alla attaquer le temple de Delphes,
l'autre marcha sur Athènes. La ville était abandonnée, excepté
par quelques citoyens, réfugiés dans le temple de Minerve. Les
Perses découvrirent derrière les portes de la citadelle un lieu
escarpé où les Athéniens n'avaient pas mis de gardes. Ils montèrent par cet endroit, et mirent le feu à la citadelle après avoir
massacré les Athéniens et pillé le temple. (V. *Hérodote*, VIII, 53,
et *Pausanias*, X, 35.)

390. Incendie de Rome par les Gaulois.

Après la bataille de l'Allia, les Gaulois vainqueurs arrivèrent
devant Rome, dont ils trouvèrent les portes ouvertes et sans
défense. Comme le soleil était sur le point de se coucher, ils ne
voulurent pas entrer dans la ville pendant la nuit, par crainte

de quelque piège; le lendemain, ils s'avancèrent avec précaution jusqu'au *Forum magnum*, situé au pied du mont Capitolin. Quelques détachements se séparèrent du gros de l'armée pour commencer le pillage, mais toutes les rues étaient désertes, la plupart des maisons fermées. Ce fut seulement après le meurtre de Papirius que le massacre commença. — Les Gaulois ne se contentèrent pas de recueillir du butin ; ils résolurent de brûler Rome et de ne rien laisser subsister d'une ville qui les avait insultés et humiliés.

Les historiens ne donnent point de détails sur cet incendie. Le feu détruisit-il la ville entière ou bien quelques quartiers? Aucun document ne nous autorise à répondre d'une manière certaine, et nous devons nous contenter de ce que dit Tite-Live: « Soit que tous n'eussent point la fantaisie de détruire la ville, soit que le dessein des chefs gaulois fût seulement d'effrayer par la vue de quelques incendies, dans l'espoir que l'attachement des assiégés pour leurs demeures les amènerait à se rendre, soit enfin qu'en ne brûlant pas la ville entière, ils voulussent se faire, de ce qui aurait survécu, un moyen de fléchir la constance de l'ennemi, la marche du feu le premier jour ne fut ni aussi générale ni aussi rapide qu'il est d'usage dans une ville conquise. » (V. 41.)

330. Incendie du palais de Persépolis.

213. Incendie des livres en Chine (V. le récit, p. 19).

146. Incendie de Corinthe.

Lorsque les Achéens eurent été vaincus à Leucoptera, le consul Mummius permit aux soldats de piller Corinthe. Les habitants furent saisis pour être vendus comme esclaves ; on envoya à Rome les objets précieux, puis on mit le feu aux maisons, et l'incendie qui dura plusieurs jours fut suivi de la destruction des murailles.

74. Incendie d'Amisus.

Lucullus, en arrivant dans le Pont, alla de suite assiéger Amisus et Eupatoria. Callimaque, qui commandait à Amisus pour le compte de Mithridate, voyant qu'il ne pouvait plus résister, mit le feu à la ville.

48. Incendie de la Bibliothèque du *Bruchion*, à Alexandrie.

APRÈS JÉSUS-CHRIST

27. Premier incendie de Rome sous Tibère.

Tout le mont Célius fut brûlé, à l'exception de la statue de Tibère, placée dans la maison du sénateur Junius. Pour prévenir le mécontentement du peuple, Tibère dédommagea les incendiés à proportion de leur perte.

36. Deuxième incendie de Rome sous Tibère.

La partie du Cirque voisine de l'Aventin et l'Aventin lui-même furent brûlés. Cette fois aussi Tibère paya le prix des maisons incendiées (100 millions de sesterces).

64. Incendie de Rome sous Néron.

69. Incendie du Capitole sous Vitellius.

70. Incendie du temple de Jérusalem sous Titus.

80. Incendie de Rome sous Titus.

258. Incendies de Césarée (Cappadoce) et d'Émèse (Syrie) par Schahpour Ier.

304. Incendie du palais de Nicomédie.

Pendant l'hiver de l'année 303-304, Galérius vint habiter avec Dioclétien le palais de Nicomédie et décida le vieil empereur à persécuter les chrétiens. Le 23 février, les portes de l'église furent enfoncées, pendant que les chrétiens célébraient la fête des Terminales, et l'édifice fut détruit. Le lendemain, à l'heure où paraissait l'édit de persécution, le feu prit au palais de Nicomédie. Avait-il été mis par ordre de Galérius, qui voulait en accuser les chrétiens, ou bien par la foudre? Il fut impossible de le savoir.

586. Incendie de Paris.

« Dans ce temps-là, il y eut à Paris une femme qui disait aux habitants : « Fuyez de la ville, car elle va être consumée par

« un incendie » ; mais on ne faisait que rire de ses paroles, parce qu'on les regardait comme le résultat de sortilèges ou de vains rêves. La troisième nuit qui suivit les discours de cette femme, au moment où commençait le crépuscule, l'un des citoyens de la ville, ayant allumé un flambeau, entra dans un magasin, y prit de l'huile et d'autres choses dont il avait besoin, puis sortit, laissant sa lumière près de la tonne d'huile. Cette maison était la première contre la porte méridionale de la ville. La lumière qu'on y avait laissée y mit le feu ; l'incendie la consuma, et gagna les autres maisons. Comme il atteignait la prison et menaçait les prisonniers qui s'y trouvaient, Saint-Germain leur apparut, brisa les pieux et les fers qui les retenaient captifs, ouvrit la porte, et leur permit de se sauver sans qu'ils eussent reçu aucun mal. Ainsi délivrés, ils se réfugièrent dans la basilique de Saint-Vincent, où se trouve le tombeau de ce bienheureux évêque. Le vent qui soufflait portait la flamme çà et là dans toute la ville, et l'incendie se développait avec la plus grande violence. Le feu s'arrêta d'un côté à l'oratoire de Saint-Martin. De l'autre côté, il consuma tout avec tant de violence, qu'il ne fut arrêté que par le fleuve : cependant les églises avec les maisons qui en dépendaient furent épargnées. On disait qu'anciennement la ville avait été consacrée, afin qu'elle fût préservée d'incendies et qu'on n'y vît ni serpents, ni loirs. Mais dernièrement, lorsqu'on nettoya l'égout du pont, et qu'on en ôta la boue qui l'obstruait, on y trouva un serpent et un loir d'airain ; on les enleva, et dès lors se montrèrent des loirs sans nombre et des serpents, et la ville fut ensuite exposée aux incendies. »

(Grégoire de Tours, liv. VIII, ch. xxxiii.,
trad. Guadet et Taranne.)

639. Incendie de Towin (Arménie) par les Arabes.

642. Incendie de la bibliothèque du Sérapéion, à Alexandrie.

846. Incendie de l'abbaye de Saint Germain des Prés par les Normands.

856 et 857. Incendies de Paris par les Normands.

Tout ce qui avait échappé aux flammes en 856 fut détruit en 857, excepté les églises de Saint-Étienne, de Saint-Vincent et de

Saint-Denis, qui se rachetèrent moyennant des rançons considérables.

886. Incendie par les Normands des faubourgs, des environs et des parties de Paris situées en dehors de l'île et de la cité.

1034. Incendie de Paris sous Henri Ier.

1360. Incendie de Paris.

« Les États du royaume ayant refusé de ratifier le traité conclu par le roi Jean, après la funeste bataille de Poitiers, le roi d'Angleterre, à la tête de son armée victorieuse, se mit en marche sur Paris. Le lundi de Pâques de l'année 1360, le régent du royaume, qui devait plus tard porter le nom de Charles V, donna l'ordre de brûler les faubourgs de Saint-Germain-des-Prés, de Notre-Dame-des-Champs (aujourd'hui Saint-Jacques) et de Saint-Marceau, afin que les Anglais qui arrivaient sur la rive gauche de la Seine ne trouvassent pas à s'y loger. Quelques maisons à peine échappèrent à cet incendie commandé par le salut de l'État. Les Anglais, après avoir passé la semaine de Pâques devant Paris, furent obligés de se retirer. »

1524. Incendies dans les diverses parties de la France.

L'opinion publique attribua ces incendies, qui se déclarèrent un peu partout, au connétable de Bourbon, lequel servait en Italie dans l'armée impériale. Le 24 mai 1524, Meaux fut presque entièrement brûlée.

1562. Incendies de trois prêches de huguenots, à Paris.

Le connétable Anne de Montmorency fit brûler le temple de Jérusalem (faubourg Saint-Jacques), le temple des Patriarches (faubourg Saint-Marceau) et le temple de Popincourt.

1571. Incendie de Moscou

1618. Incendie du Palais de justice, à Paris.

Incendie de six bateaux, sur la Seine.

« Des jeunes gens étant allés se divertir dans l'île Saint-Louis qu'on appelait alors île Notre-Dame et qui ne possédait pas encore de maisons, eurent l'imprudence, vers le soir, de tirer des fusées. Une de ces fusées alla tomber sur un bateau et y mit le feu, qui se communiqua bientôt à six autres bateaux tous chargés de foin. Les câbles ayant été brûlés, ces sept bateaux suivirent le fil de l'eau, menaçant d'embraser sur leur passage les maisons bâties au bord de la rivière et surtout celles qui, à cette époque, surmontaient les ponts. On essaya d'abord de les arrêter, mais comme on ne put y parvenir, on résolut de les éloigner de Paris en les faisant passer sous les ponts. Trois de ces bateaux, dirigés avec adresse, passèrent en effet sans causer de dommage et allèrent achever de se brûler à Saint-Cloud. Des trois autres, un s'arrêta contre les piles du pont Notre-Dame, et deux contre celles du pont au Change. On réussit après bien des efforts à couler sur place les deux du pont au Change et à dégager le troisième, qui alla brûler près de Chaillot. »

1621. Incendie du pont aux Marchands et du pont au Change.

Les deux ponts, au bout de trois heures, tombèrent dans la Seine avec les maisons qu'ils supportaient. Des quêtes furent organisées en faveur des familles ruinées par cet accident, et par ordre du Parlement, lesdites familles furent logées et nourries dans l'hôpital Saint-Louis pendant six mois.

1631. Incendie de la Sainte-Chapelle.
1656. Incendie du pont de bois des Tuileries.
1661. Incendie dans la galerie des peintres, au Louvre.
1666. Incendie de Londres.
1689. Incendie du Palatinat.
1698. Incendie de White-Hall.
1705. Incendie de l'église du Petit-Saint-Antoine.

Les pompes portatives de du Mouriez du Perrier y furent employées pour la première fois.

1718. Incendie du Petit Pont.
1728. Incendie de Copenhague.

1734. Incendie du palais du roi d'Espagne et des archives de la couronne, à Madrid.

1737. Incendie de l'Hôtel-Dieu.

1738. Incendie au Palais de justice de Paris.

Le corps de bâtiment occupé par la Cour des comptes fut brûlé avec tous les registres et papiers qu'il renfermait.

1746. Incendie des maisons du pont au Change.

1752. Incendie de la foire Saint-Germain, à Paris.

Cette foire se tenait dans 340 loges réunies en un seul corps de bâtiment, percé de neuf rues couvertes, et contenant une chapelle.

1761. Incendie du théâtre de Kornerthor, à Vienne,

1763. Incendie de l'Opéra.

L'Opéra était alors situé dans la cour des Fontaines. La salle, qui brûla tout entière, fut rebâtie sur le même emplacement.

1772. Incendie à l'Hôtel-Dieu.

Incendie du théâtre d'Amsterdam.

1776. Incendie au Palais de justice.

Cet incendie s'étendit depuis la galerie des prisonniers jusqu'à la Sainte-Chapelle.

1777. Incendie des baraques de la foire Saint-Ovide[1], place Louis XV, à Paris.

1778. Incendie du théâtre du Colisée, à Saragosse.

1780. Incendie du théâtre de Glascow.

1781. Incendie de l'Opéra, à Paris.

Le 8 juin 1781, le feu prit pour la seconde fois à l'Opéra, à la fin du spectacle. En très peu de temps, la salle entière fut embrasée, et vingt et une personnes perdirent la vie. On chargea

---

1. La foire Saint-Ovide venait d'être transférée place Louis XV ; elle se tenait auparavant, depuis 1665, sur la place Vendôme.

l'architecte Lenoir de construire une nouvelle salle, et celle-ci fut prête le 27 octobre suivant. Elle servit à l'Opéra jusqu'au 28 juillet 1794.

1782. Incendie à Constantinople.

Plusieurs quartiers furent presque entièrement brûlés. Le service si imparfait qui existe de nos jours à Constantinople, et dont nous avons parlé, n'existait pas encore.

1784. Incendie à Constantinople.
1787. Incendie des Délassements-Comiques.
1788. Incendie du théâtre de Hay-Market, à Londres.
      Incendie du théâtre de Saragosse.
      Incendie du Grand Opéra (Menus-Plaisirs), à Paris.
1789. Incendie des barrières de Paris et du couvent des Lazaristes.
      Incendie de la maison Réveillon, à Paris.
      Incendie du théâtre de Manchester.
1791. Incendie de Manille.
      Incendie des magasins de l'Amirauté, à Amsterdam.
1792. Incendie du théâtre de Falmouth.
      Incendie de l'hôtel de la Force, à Paris.
      Incendie du Panthéon, à Londres.
      Incendie de Stargardz (Prusse).
      Incendie à Constantinople.
1793. Incendie du Cap Français et massacre des blancs, à Saint-Domingue.
      Incendie de Wiborg.
      Incendie de l'hôpital Sainte-Marie, à Meaux.
      Incendie de l'hôpital militaire, à Anvers.
      Incendie de Gothenbourg.

1793. Incendie à Arkangel.
Incendie de la fonderie royale, à Lisbonne.
Incendie de Kaschan.
1794. Incendie de l'amphithéâtre d'Asley, à Londres.
Incendie du théâtre de Hay-Market.
1797. Incendie du théâtre des Délassements-Comiques,
à Paris.
1798. Incendie du cirque du Palais Royal.

Cet incendie dura cinq jours.

1798. Incendie du théâtre Lazary, à Paris.
1799. Incendie du Théâtre Français (Odéon).
Incendie de Port-au-Prince.
1800. Incendie de la Halle aux blés, à Paris.
1802. Incendie du Cap Français.
1803. Incendie du dôme de la Salpêtrière, à Paris.
1804. Incendie du théâtre-musée Colombien, à Boston.
1805. Incendie du théâtre Surrey, à Londres.
1807. Incendie de Copenhague.
1808. Incendie du théâtre de Covent-Garden, à Londres.
1809. Incendie du théâtre de Drury-Lane, à Londres.
1810. Incendie d'Eisenach (Saxe).
1811. Incendie du théâtre de Richmond (États-Unis).
Incendie du marché d'Aguesseau, à Paris.
1812. Incendie de Smolensk.

Napoléon avait envoyé un détachement de cavalerie au bord
du Dnieper avec mission de chercher un gué, mais le fleuve ne
fut pas trouvé guéable au-dessus de Smolensk. Voyant en outre
que les Russes ne débouchaient pas de la ville pour lui livrer bataille, l'empereur ordonna à ses troupes de commencer l'attaque.
Les maréchaux Davout et Ney se mirent aussitôt à l'œuvre : le
premier enleva les faubourgs de Micislan et de Roslawl, et, dans
la soirée, prépara tout pour emporter l'enceinte d'assaut le

lendemain. Mais, pendant la nuit, les Russes évacuèrent Smolensk, après y avoir mis le feu. Les soldats français, voyant le clocher de la cathédrale de l'archevêché se dresser sur un horizon flamboyant, voulaient pénétrer dans la ville ; on les obligea à attendre au lendemain. Ils trouvèrent les principaux magasins détruits, avec les marchandises ou les denrées qu'ils renfermaient. Des morts et des blessés encombraient les rues.

1812. Incendie de Moscou.

1816. Incendie du théâtre Saint-Charles, à Naples.

Incendie de Port-Louis.

1817. Incendie du théâtre de Sadlers-Will.

Incendie du Théâtre Royal deBerlin.

1818. Incendie de l'Odéon.

Le 20 mars 1818, à 3 heures après midi, quelque temps après la répétition d'une pièce en un acte, le feu prit dans l'intérieur de la salle de l'Odéon. Les flammes gagnèrent les décorations, les boiseries, et avant 4 heures, les escaliers furent en partie embrasés. A la première nouvelle, des secours arrivèrent de tous côtés ; le chancelier de France et le grand référendaire de la chambre des pairs stationnèrent jusqu'à la fin sur le lieu du sinistre, avec les personnes attachées au service de la chambre ; le duc de Berry encouragea aussi les travailleurs.

A 5 heures moins le quart le comble s'écroula tout entier ce qui circonscrivit le foyer de l'incendie, et vers 10 heures le feu était partout éteint, sauf dans quelques débris de boiseries.

Des souscriptions furent ouvertes pour la reconstruction de l'édifice et en faveur des employés du théâtre. Puis, une ordonnance du roi, en date du 25 mars, décida que la salle serait reconstruite sur son emplacement actuel, que l'Odéon continuerait d'être une annexe de la Comédie Française, et qu'on y pourrait jouer les pièces formant le répertoire de notre premier théâtre.

1818. Incendie au Palais de justice de Paris.

1819. Incendie du Phénix.

Incendie à la tour Saint-Jacques-la-Boucherie.

1820. Incendie du quartier turc, à Smyrne.

Incendie du palais impérial de Zarskojesela, à Saint-Pétersbourg.

Incendie de Port-au-Prince.

Le feu détruisit environ 600 maisons, et la perte en bâtiments, meubles et marchandises dépassa 25 millions.

1820. Incendie de Bercy.

Au mois d'août 1820, le feu se déclara dans les magasins de vins du port de la Râpée, à Bercy, et prit en quelques minutes des proportions effrayantes. Le vin se répandait de tout côté, formant des flaques et des mares où l'on puisait le liquide nécessaire à l'alimentation des pompes. Ce ne fut qu'au bout de sept heures qu'on put se rendre maître du feu : l'espace incendié était long de 600 mètres et la quantité de vin perdu s'élevait à 115 800 hectolitres.

1820. Incendie du palais du prince d'Orange, à Bruxelles.

1821. Incendie de l'hôtel des États-Généraux, à Bruxelles.

1822. Incendie de la cathédrale de Rouen.

Incendie de l'église luthérienne d'Amsterdam.

Incendie des factoreries européennes de Canton.

Incendie de la flotte ottomane par les Grecs, devant Chio.

1823. Incendie de la basilique de Saint-Paul, à Rome.

Incendie du théâtre de Munich.

Incendie de l'hospice de Bicêtre.

1824. Incendie de la citadelle du Caire.

Incendie du marché Saint-Jacques-la-Boucherie.

1825. Incendie de Salins.

Incendie du *Kent*.

1826. Incendie du cirque Olympique, à Paris.

1826. Incendie du cirque Richter, à Berlin.

1827. Incendie de l'Ambigu Comique, à Paris.

Incendie du Palais Royal, à Paris.

Incendie de Jassy (Moldavie).

1830. Incendie de l'Opéra, à Londres.

Incendie de l'amphithéâtre d'Asley, à **Londres.**

Incendie d'Argyle-Rooms, à Londres.

Incendies en Normandie.

Incendie de la filature de coton de Syout.

Chérif-bey fit préalablement bâtonner tous les employés de la filature qui, convertis en maçons, procédèrent ensuite à la reconstruction de l'édifice.

1831. Incendie du théâtre Lycæum, à Londres.

1832. Incendie de l'arsenal de Brest.

1834. Incendie des chambres du Parlement anglais.

1835. Incendie du théâtre de la Gaité, à Paris.

Incendie de la ville neuve de Canton.

Incendie de New-York.

La nuit du 16 décembre 1835 fut exceptionnellement froide : tous les cours d'eau étaient gelés, le vent soufflait avec violence, et lorsque vers huit heures du soir le feu se déclara à New-York, dans Merchant-street, il fut impossible de s'opposer à ses progrès. En un instant, le triangle formé par les rues Wall, William et Pearl fut tout en flammes, et la partie la plus ancienne mais la plus riche de la ville présenta l'aspect d'un énorme brasier. — Ce fut un sauve-qui-peut général. Les uns emportent précipitamment ce qu'ils ont de plus précieux, les autres jettent des marchandises par les fenêtres, et les rues sont littéralement couvertes de cachemires, de dentelles et de soieries. On avait espéré un moment que la Bourse et le Hanover-Square seraient épargnés, et l'on y avait transporté une foule de meubles et de marchandises, mais les flammes n'épargnèrent pas plus ces deux endroits que le reste de la ville. Au plus fort de l'incendie, on apercevait de Cranberry, dans le New-Jersey, des colonnes d'une

fumée rougeâtre et mêlée d'étincelles. — Le quartier commer-
çant de la ville, qui se composait de 17 masses d'édifices, fut
complètement anéanti. Les compagnies d'assurances se trouvèrent insolvables, et pourtant aucun négociant ne fit faillite.

1836. Incendie de la cathédrale de Chartres.
  Incendie des Folies-Dramatiques, à Paris.
  Incendie du cirque Lehmann, à Saint-Péters-
    bourg.
1837. Incendie du palais du roi, à Naples.
  Incendie du palais de l'empereur, à Saint Pé-
    tersbourg.
  Incendie du théâtre de la Gaîté.
1838. Incendie de *Royal-Exchange*, à Londres.
  Incendie du Théâtre Italien, à Paris.
  Incendie du Vaudeville (rue de Chartres), à
    Paris.
  Incendie du château du duc de Wurtemberg.
  Incendie de la Nouvelle-Orléans.
  Incendie de Charleston.
1839. Incendie de Constantinople-Péra.
1840. Incendie du fort de la marine, à Beyrouth.
1841. Incendie de Mayaguez (États-Unis).
  Incendie du cirque Asley, à Londres.
  Incendie de la Tour de Londres.
  Incendie du bateau à vapeur américain *l'Érié*.
  Incendie de 21 villages et de 14 couvents par
    les Druses révoltés contre les Chrétiens.
1842. Incendie de Hambourg.
  Incendie à Smyrne.
1843. Incendie du théâtre du Havre.
  Incendie de l'Opéra, à Berlin.

1843. Incendie du Théâtre enfantin, galerie de l'Opéra,
à Paris.

1844. Incendie du Ministère de la marine, à la Haye.

1845. Incendie de l'église des Pénitents-Gris, à Édimbourg.

Incendie de l'hôtel du gouvernement, à Liège.
Incendie de Québec.
Incendie du théâtre de Canton.

1846. Incendie du quartier arménien, à Smyrne.
Incendie des chantiers du Mourillon, à Toulon.
Incendie du théâtre d'Avignon.
Incendie de l'Hippodrome de Paris.
Incendie du théâtre Garrick, à Londres.
Incendie du théâtre de Québec.

1847. Incendie de l'hôpital de Carpentras.
Incendie de Colmar.
Incendie du Théâtre Grand-Ducal, à Bade.
Incendie du théâtre de la Cour, à Carlsruhe.

1848. Incendie du théâtre du Parc, à New-York.
Incendie de l'hôtel de la sous-préfecture, à
Dinan.
Incendie du magasin aux fourrages, à Maubeuge.
Incendie du Diorama, à Paris.

1849. Incendie du théâtre Olympique, à Londres.
Incendie de l'hôtel du Parlement, à Montréal.

1850. Incendie des jonques du fleuve Kiang, à Ouchan-fou.
Incendie de Rangun (Birmanie).
Incendie à la Nouvelle-Orléans.
Incendie à San-Francisco.

1851. Incendie dans l'église des Invalides, à Paris.

1851. Incendie du Capitole, à Washington.

Incendies en Californie.

Incendie du théâtre de Rio-Janeiro.

Incendie des salles de la première Chambre des États, à Berlin.

Incendie à Elbeuf.

1852. Incendie à l'Élysée, à Paris.

Incendie de Sacramento (Californie).

Incendie du vaisseau anglais *l'Amazone*.

Incendie du théâtre Trémont, à Boston.

Incendie du théâtre de Tournai.

1853. Incendie des chantiers du port de Cronstadt.

Incendie du Théâtre Français, à Moscou.

Incendie du théâtre Adelphi, à Édimbourg.

Incendie du cirque Islington, à Londres.

Incendie du cirque du Ring, à Berlin.

1854. Incendie de la cathédrale de Murcie.

Incendie à l'Hôtel de ville de Paris.

Incendie de l'Hôtel de ville et de la Bibliothèque de Vienne.

Incendie de six bateaux à vapeur, à la Nouvelle-Orléans.

Incendie de Barèges.

Incendies de Warbeg, Isenkœpping, Œrebro, Skeen et Holmbo (Scandinavie).

Incendie de Manille (Espagne).

Incendie de New-York.

1855. Incendie de la Monnaie, à Bruxelles.

Incendie à Saint-Pétersbourg.

Incendie du théâtre des Variétés, à Bordeaux.

1856. Incendie du théâtre de Covent-Garden, à Londres.

1856. Incendie du théâtre du Pavillon, à Londres.

1857. Incendie du théâtre de *Gli-Aquidotti*, à Livourne.

1858. Incendie du théâtre de Cobwen.

1859. Incendie à Constantinople.

Incendie du théâtre de Cologne.

Incendie du théâtre du Pré-Catelan, à Paris.

1860. Incendie du théâtre de Namur.

Incendie de Limoges.

1861. Incendie de Glaris.

Incendie des bâtiments de *Cotton's Wharf*.

Incendie du théâtre de Chambéry.

Incendie du magasin de décors de l'Opéra, à Paris.

1862. Incendie du théâtre de Namur.

Incendie de l'alcazar de Ségovie.

Incendies à Saint-Pétersbourg, à Moscou et à Odessa.

Incendie de l'Hôtel de ville de Bordeaux.

1863. Incendie du Théâtre Royal de Jersey,

Incendie du Grand Théâtre de Boston.

Incendie du théâtre de Plymouth.

Incendie du théâtre de Glascow.

Incendie du théâtre du Quai-François-Joseph, à Vienne.

Incendie du Sérail, à Constantinople.

Incendie de la gare du chemin de fer de l'Ouest, à Paris.

1864. Incendie du théâtre de Chambéry.

Incendie du théâtre de Limoges.

1865. Incendie du théâtre Ventadour.

Incendie du théâtre de Surrey-Garden, à Londres.

1865. Incendie du théâtre royal d'Édimbourg.
Incendie du théâtre de Surrey, à Sheffield.
Incendie du théâtre du Parc, à Stockholm.
Incendie du Théâtre Royal de Breslau.
Incendie du théâtre d'Angers.
Incendie du théâtre Mondini, à Vérone.
Incendie du magasin de l'arsenal de la marine,
    à Toulon.
Incendie du quartier Sainte-Walburge, à Anvers.
Incendie à Constantinople.
1866. Incendie d'Énos (Turquie).
Incendie du Palais de cristal de Sydenham,
    près Londres.
Incendie de Québec.
Incendie de Portland.
Incendie de Port-au-Prince.
Incendie de Yokohama (Japon).
Incendie de la gare du chemin de fer de Turin.
Incendie du palais du roi à Bruxelles.
Incendie de l'Opéra, à Cincinnati.
Incendie du Théâtre Impérial de Constantinople.
Incendie du Standard-Theatre, à Londres.
Incendie du Grand Théâtre de la Nouvelle-Or-
    léans.
Incendie du théâtre des Nouveautés, à Paris.
Incendie du théâtre de Brest.
1867. Incendie du théâtre du Conservatoire, à Madrid.
Incendie de l'église d'Auffay, monument histo-
    rique de la Seine-Inférieure.
Incendie du théâtre de Namur.
Incendie du théâtre de Belleville.

1867. Incendie du théâtre de Bourges.

Incendie du théâtre Bowery, à New-York.

Incendie du théâtre de Winter-Garden, à New-York.

Incendie du Théâtre Comique, à Saint-Louis (États-Unis).

Incendie du théâtre des Variétés, à Philadelphie.

Incendie du théâtre *Her's Majesty*, à Londres.

Incendie du Grand Théâtre de San-Francisco.

Incendie de la cathédrale de Francfort.

1868. Incendie du théâtre Nota, à Turin.

Incendie du Théâtre Américain, à New-York.

Incendie du théâtre de Trévise.

1869. Incendie de l'Hippodrome, à Paris.

Incendie du théâtre de Glascow.

Incendie du théâtre de Cologne.

Incendie du Théâtre Royal de Dresde.

Incendie dans le port de Bordeaux.

1870. Incendie de Constantinople.

Incendie de Strasbourg.

Incendie de Bazeilles.

Incendie de Châteaudun.

Incendie du château de Saint-Cloud.

Saint-Cloud, déclaré propriété nationale en 1848, était devenu dans la suite une des résidences de Napoléon III. Le 20 septembre 1870, les Prussiens (5ᵉ corps, Basse-Silésie) arrivèrent devant le palais de celui qui venait de terminer son règne.

Le 24, les ennemis tiraient du parc sur nos canonnières qui remontaient la Seine; du 12 au 22 octobre, le palais brûla; puis ce fut le tour du village : les maisons de MM. Charles Yriarte, Jules Levallois, Dantan furent au nombre de celles qu'incendièrent les Prussiens.

1871. Incendie de la Pointe-à-Pitre.

Incendie de Paris sous la Commune.

Incendie de Chicago.

Incendie du théâtre des Célestins, à Lyon.

1872. Incendie de Boston.

Incendie de l'Escurial.

Incendie de Yeddo (Japon).

Incendie du théâtre de Tien-Tsin (Chine).

1873. Incendie de l'Opéra de Paris.

Incendie de l'Alcazar de Marseille.

1874. Incendie de l'Eldorado, à Avignon.

Incendie de la rue Crozatier, à Paris.

1875. Incendie du Grand Théâtre, à Lyon

1876. Incendie du théâtre de Saint-Brieux.

Incendie du théâtre des Arts, à Rouen.

Incendie du théâtre des Variétés, à Montpellier.

Incendie du théâtre Brooklyn (États-Unis).

1877. Incendie de la cathédrale de Metz.

1878. Incendie du théâtre des Fantaisies Lyriques, à Rouen.

1879. Incendie du château royal de Tervueren (Belgique).

1880. Incendie du vaisseau cuirassé *Le Richelieu*.

Incendie du théâtre des Célestins, à Lyon.

Incendie du théâtre de la Grande-Vue, à Lyon.

1881. Incendie du théâtre de Nice.

Incendie du théâtre de Montpellier.

Incendie du Ring-Théâtre, à Vienne.

Incendie des écuries impériales, à Constantinople.

1882. Incendie de Galveston (Texas).

1882. Incendie des chantiers de la Buire, à Lyon.

L'incendie qui éclata dans la partie nord des vastes chantiers de la Buire, à Lyon, poussé par un vent violent du nord, atteignit rapidement l'extrémité sud des ateliers, parcourant ainsi une longueur d'environ quatre cents mètres.

Les ateliers de scierie et de menuiserie, les magasins de bois, les fours, les hangars, où se trouvaient des wagons non encore livrés, et toutes les maisons de la rue Crémieux, adossées aux ateliers, devinrent la proie des flammes.

Toutes les constructions, élevées sur une étendue d'au moins cinq hectares, furent anéanties. Les pertes furent évaluées approximativement à quatre millions.

Neuf personnes furent blessées, dont trois grièvement; et presque tous les ouvriers des chantiers de la Buire, au nombre de 3000, se trouvèrent sans travail.

1882. Incendie d'Alexandrie.

Incendies dans les forêts de Livonie.

Incendie de la gare du Caire.

II

LES INCENDIES ET·L'ART

Les circonstances si diverses, les contrastes puissants de lumière et d'ombre, les scènes émouvantes, qui accompagnent d'ordinaire les incendies devaient frapper l'imagination des artistes, et ont inspiré à quelques-uns d'entre eux des œuvres remarquables. Il n'est peut-être pas sans intérêt de donner ici les noms des peintres qui ont représenté des incendies.

1. ÉCOLE FRANÇAISE

Claude-Joseph VERNET : *Une ville maritime en flammes,* effet de nuit (Pinacothèque de Munich). Gr. par Elisabeth Lempereur.

Pierre GUÉRIN a tracé une grande *Esquisse de l'incendie de Troie* qu'il n'a jamais terminée.

Ary SCHEFFER : *La fin d'un incendie de ferme* (salon de 1824). Le jour vient de paraître. Le fermier est entouré de sa famille ; sa femme pleure sur son épaule ; sa petite fille lui prend les bras ; son jeune enfant dort dans un berceau. Derrière lui, quelques villageois prennent part à sa douleur.

Le sujet est traité avec un goût exquis et une grande sensibilité; l'exécution est irréprochable, le dessin pur, la composition étudiée.

J.-B.-Camille Corot : *Loth et ses filles.* « Au fond d'une vallée sombre et lugubre, sur le mur d'un grand tombeau, se détache l'ange en tunique violette, tirant par la main Loth à demi vêtu et soutenu par l'une de ses filles; l'autre porte des hardes; à vingt pas, la statue de sel. La côte monte sous un ciel convulsionné, traversé de nuées bitumineuses, et de monstrueuses fumées rougeâtres reflètent en dessous la flamme des incendies dont les langues percent par-dessus la bande de l'horizon. Tout à fait au sommet, dans un lointain immense, une sorte d'arc de triomphe dont les pilastres sont éclairés par la pourpre et le soufre de la fournaise. A gauche de l'ange, deux troncs d'arbres desséchés et couchés par l'ouragan. »

Théodore Gudin : *Incendie du Kent,* vaisseau de la Compagnie des Indes [1].

Id. — *Incendie du quartier de Péra,* à Constantinople (Salon de 1844).

Eugène Isabey : *Incendie du steamer l'Austria* (Salon de 1859).

Alexandre Antigna : *Scène d'incendie* (Musée du Luxembourg).

Jules Breton : *L'incendie* (Salon de 1861).

---

1. Voir plus haut le récit de cet incendie.

2. ÉCOLE HOLLANDAISE

Egbert Van der Poel (1620-1690) s'est essayé dans tous les genres, mais il a surtout excellé dans les représentations des incendies nocturnes. Ses compositions se recommandent par une grande justesse d'effet, une touche expressive et délibérée, des ciels profonds, des figurines pittoresques et mouvementées. Citons, parmi ses *incendies*, ceux d'*une maison de paysans* (Rotterdam), d'*un village* (Stockholm), d'*une ville pendant la nuit* (Vienne), d'*une chaumière* (Vente du cardinal Fesch, à Rome, en 1845).

Arnould Van der Neer (1619-1683) a reproduit généralement les environs d'Utrecht et d'Amsterdam, avec des effets de clair de lune, mais il ajouta parfois à la mélancolie de ces scènes charmantes le contraste des incendies. En ce genre, *l'Incendie vu du grand canal, à Amsterdam*, est le chef-d'œuvre de Van der Neer. « Entre le spectateur et l'incendie se succèdent plusieurs ponts couverts de monde, et la silhouette agitée de la foule s'élève fortement sur les sinistres lueurs qui éclatent au centre du tableau. Le vague des couleurs, l'incertitude des masses éloignées, l'indécision des formes, — de celles du moins qui ne se dessinent pas en vigueur sur le feu, — la profondeur de l'espace, tout contribue à faire paraître le tableau beaucoup plus grand qu'il ne l'est en réalité. Les maisons d'Amsterdam rangées en perspective le long des quais et rendues avec l'exactitude et le charme qu'aurait pu y mettre un Van der

Heyden donnent l'idée d'une ville considérable, de sorte
que, dans une petite toile, le spectacle de l'incendie
paraît immense. Cette fois, le peintre s'est bien gardé
d'établir une lutte entre deux lumières en faisant con-
traster les clartés de la lune avec celles de ce vaste
embrasement. Il ne lui a fallu, pour faire un tableau
sublime, que le feu et la nuit. Aussi est-ce bien là le
plus beau Van der Neer qui se puisse voir. L'incendie
s'y allume deux fois, dans la ville et dans l'onde du
canal, qui ressemble à un ruisseau de feu. Les flammes
s'élancent, pétillent et produisent mille effets piquants
sur les vitres des maisons, et partout où l'eau de l'Amstel
en réfléchit les étincelles; mais partout ces brillants
détails sont habilement subordonnés, et l'ensemble présente un aspect imposant, dramatique, d'une beauté
lugubre, plein de mouvement, mais aussi plein de
grandeur et d'unité[1]. »

Jean VAN DER HEYDEN : *Un incendie à Amsterdam*, au
dix-septième siècle (Collection Dutuit, de Rouen).

5. ÉCOLE FLAMANDE

Pierre BREUGHEL le jeune traita spécialement des incendies, des effets de flammes dans les ténèbres, et des
scènes infernales. Aussi, fut-il appelé Breughel d'Enfer.
Nous citerons : *La ruine de Sodome* (tableau sur cuivre),
L'incendie de Troie (id.) et *Incendie et sac d'une ville
par des troupes victorieuses* (Musée de Madrid).

---

1. Ch. Blanc, *Histoire des peintres*, École hollandaise, t. Ier.

Bonaventure PETERS : *Incendie de la flotte anglaise dans le port de Chatham* (Musée d'Amsterdam).

4. ÉCOLE ALLEMANDE.

Charles-Frédéric SCHINKEL : *L'incendie de Moscou*, composition faite pour le panorama de W. Gropius, à Berlin.

Pierre CORNELIUS : *Destruction de Troie*, fresque de la salle des Héros, à la glyptothèque de Munich.

Louis KNAUS : *L'incendie de la ferme* (Exposition universelle de 1855).

5. ÉCOLE ROMAINE.

RAPHAËL : *L'incendie du bourg*, fresque du Vatican.

En 847, un violent incendie éclata à Rome dans le faubourg habité par les Saxons et les Lombards, entre le Vatican et le mausolée d'Adrien. Ce faubourg s'appelait *Borgo-Nuovo* (bourg neuf) ou cité Léonine, du nom du pape Léon IV qui l'avait annexé à Rome. L'église de Saint-Pierre se trouvant menacée, le pape apparut dans une *loggia* et fit le signe de la croix sur les bâtiments enflammés : l'extinction immédiate de l'incendie fut attribuée par les assistants à l'intervention du chef de la chrétienté.

Le souvenir de cet événement fournit à Raphaël l'occasion de faire un chef-d'œuvre. La fresque du

Vatican, connue sous le nom d'*incendie du Borgo*, est une des plus belles productions de ce grand peintre. Au fond, se dresse la vieille basilique, et dans une loggia, aujourd'hui détruite, le pape, entouré de sa suite, bénit une foule émue et recueillie.

La partie centrale du premier plan est occupée par des enfants et des femmes. Une de ces dernières, vêtue d'une robe jaune, lève au ciel ses bras nus et suppliants. On remarque surtout une mère montrant à son enfant à joindre les mains pour prier pour elle. A droite, des hommes et des femmes essayent d'éteindre l'incendie : une jeune femme présente à un jeune homme deux vases d'eau, tandis qu'une autre, un vase sur la tête, descend les marches d'un escalier. Des groupes implorent l'intercession du pape.

A gauche, au premier plan, une jeune mère, du haut de la muraille de sa maison ruinée, se penche dans le vide et tend son enfant à un homme qui se hausse sur la pointe des pieds pour le recevoir. Sur le devant, un jeune homme, nouvel Énée, emporte sur ses épaules son père nu et accompagné de son fils [1].

1. Voir *Raphaël*, par M. Passavant, trad. de l'allemand par Paul Lacroix. Paris, 1860, 2 vol. in-8. — Dupaty, *Lettres sur l'Italie*, Rome et Paris, 1788, 2 vol. in-8.

TABLE DES GRAVURES

TABLE DES MATIÈRES

PREMIÈRE PARTIE

LES INCENDIES CÉLÈBRES

DEUXIÈME PARTIE

LA LUTTE CONTRE L'INCENDIE

APPENDICE

6814. — IMPRIMERIE A. LAHURE,
rue de Fleurus, 9, à Paris